少/年/儿/童/快/乐/成/长/丛/书

危急时刻会逃生：
危险自救故事与启迪

于启斋 李琳　编著

山东教育出版社

图书在版编目(CIP)数据

危急时刻会逃生：危险自救故事与启迪/于启斋,李琳
编著.—济南:山东教育出版社,2016

(少年儿童快乐成长丛书)

ISBN 978－7－5328－9551－9

Ⅰ.①危… Ⅱ.①于… ②李… Ⅲ.①安全教育—少
儿读物 Ⅳ.①X956－49

中国版本图书馆 CIP 数据核字(2016)第 235561 号

少年儿童快乐成长丛书

危急时刻会逃生：
危险自救故事与启迪

于启斋 李琳 编著

主 管：山东出版传媒股份有限公司

出版者：山东教育出版社

(济南市纬一路 321 号 邮编:250001)

电 话：(0531)82092664 传真：(0531)82092625

网 址：www.sjs.com.cn

发行者：山东教育出版社

印 刷：济南继东彩艺印刷有限公司

版 次：2016 年 12 月第 1 版第 1 次印刷

规 格：710mm×1000mm 16 开本

印 张：9.25 印张

印 数：1—5000

字 数：152 千字

书 号：ISBN 978－7－5328－9551－9

定 价：22.00 元

内容提要

本书通过介绍一个个扣人心弦的危险自救故事,让少年朋友明确身处危急时刻会逃生的重要性,并掌握正确的逃生方法。在家庭、学校、大自然以及人与人之间,潜伏着各种各样的危险,比如火灾、爆炸、中毒、跌倒、踩踏、斗殴、地震、海啸、洪水、雷击等;社会上也存在抢劫、吸毒、诈骗等各种潜在的危险。因此,少年朋友需要时刻保持清醒的头脑,灵活地应对各种危险及突发事件;同时,要立场坚定,拒绝各种诱惑,以保证健康成长。在"启迪"栏目中,介绍了自救逃生的方法、技巧、措施等。愿少年朋友健康成长,成就未来。

作者简介

于启斋 1957年出生，山东省莱阳市人。山东省科普作家协会会员、中国科普作家协会会员，中学高级（五级）教师。已出版科普读物及教学读物150多本，发表文章1 000余篇。处女作《有趣的动物故事》于1993年获第二届全国优秀少年儿童读物三等奖；《少年智慧画库丛书》于1996年获山东省优秀图书一等奖；《生命交响曲》和《绿色乐园》于2005年被评为山东省优秀图书，被科技部评为2015年全国优秀科普作品；《身边科学小实验》被评为2006年度优秀畅销书。《气象新世界》获2007年度上海市优秀科普作品奖并入选新闻出版总署2009年（第六次）向全国青少年推荐的百种优秀图书。《幼儿最好奇的十万个为什么——大象、老虎和蚂蚁》获2008年冰心儿童图书奖；参加了义务教育课程标准实验教科书生物学教材1～5册《课外读》的编写工作。

李 琳 青年作家，已出版图书有《睡前百问百答·趣味篇》《睡前百问百答·奇妙篇》《睡前百问百答·常识篇》《含谜智力故事·语文》《含谜智力故事·数学》《含谜智力故事·科学》。

前　言

　　孩子是家长的希望。孩子的成长是千千万万个家长十分关心的问题,而孩子的成长涉及很多学问。谁都希望自己的孩子能够健康快乐地成长,能够适应将来的社会生活,但孩子的成长并不是以家长的意志为转移的,有时甚至事与愿违。因而,教育孩子不是轻而易举的事情,其中大有学问。譬如,怎样培养孩子的兴趣爱好? 怎样让孩子树立远大的理想? 怎样开发孩子的智力? 怎样让孩子养成良好的习惯? 怎样培养孩子的优秀性格? 怎样让孩子练就好口才……凡此种种,不一而足。

　　我们编写了这套《少年儿童快乐成长丛书》,目的是通过成功人士的故事,唤起少年儿童的学习兴趣,让少年朋友从中得到启发,同时帮助他们开阔视野、增长见识,激励少年朋友快乐成长。

　　《少年儿童快乐成长丛书》共分 8 册:

　　相信你是最棒的:励志成才故事与启迪

　　情感教育最有效:亲情感恩故事与启迪

　　成功决定于习惯:良好习惯故事与启迪

　　从小培养好性格:优秀性格故事与启迪

　　一生要有好心态:心理成长故事与启迪

　　危急时刻会逃生:危险自救故事与启迪

　　快乐学习妙点子:学习方法故事与启迪

　　说话表达有技巧:锻炼口才故事与启迪

　　《危急时刻会逃生:危险自救故事与启迪》通过介绍一个个扣人心弦的危险自救故事,让少年朋友明确危险时刻会逃生的重要性,并掌握正确的逃生方法。愿少年儿童一生拥有健康的身体,快乐成长,在人生的道路上少走弯路,及早踏上成功之路。

　　臧善明、黄晓锋、宋文章、韩红、乔磊、鞠心怡、于春晓、于启奎、于盛晨、房红女、张翠玉等同志编写了部分内容,在此深表感谢!

目 录
Contents

扭伤了脚怎么办　1

不该发生的行为　2

被"打爆"的手机　3

当洪水袭来的时候　5

女学生智斗劫匪　8

穿衣服的地方不能让别人动　9

QQ号被盗引发的故事　11

被困暴雨中　13

与劫匪打心理战　15

被狗咬的惨痛经历　18

当油锅起火时　20

课间疯闹的代价　21

儿子的"恋物癖"　23

登山的遗憾　25

大柯的冻伤治好了　27

游泳的危险也须防　28

花坛拔草出意外　29

被蛇咬伤之后　30

智勇双全斗劫匪　32

风筝也会惹祸　34

擦玻璃窗要注意安全　35

37　遇到了醉酒的人

38　运动场上险象环生

40　浴室里也有危险

41　骑自行车发生的意外

43　独自走夜路危险

44　篮球场上

45　"小款"被"霸王生"盯上之后

47　不能乘黑车

49　正确处置煤气泄漏

50　吃药切勿过量

51　实验课上留下的疤痕

53　放鞭炮的喜与忧

54　电热毯惹的祸

56　可怕的触电

57　"捡钱平分"是诈骗

59　陷入泥潭有办法

60　都是网络游戏害了他

62　林中迷路

64　水田里的蚂蟥好厉害

66　终生难忘的山涧游玩

68　黑夜迷路

70　发生在校门口的绑架案

72　火灾面前的逃生

73　在杨树林里遇到的小麻烦

75　以牙还牙

77　钱塘观潮也有险

78　赶海谨防乐极生悲

面对滚滚袭来的沙尘　80

我所经历的雪崩　81

遭受雷击怎么办　82

泥石流发生时　84

当海啸袭来的时候　86

应对龙卷风的袭击　87

"中奖"骗局　89

我所经历的台风　91

汽车掉进水里之后　93

我被歹徒盯上了　95

失火的客车　96

吃火锅碰到的闹心事　98

冰窟营救　100

玩小铜锁的后果　102

骑自行车要谨防不测　103

绿皮土豆是健康的"杀手"　104

地铁历险记　105

违规的大货车　107

看房也要注意安全　109

去歌舞厅的悔恨　110

慎用高压锅　111

一次郊游的遭遇　112

会网友糊里糊涂成"人质"　114

谨慎治烫伤　115

装哭保钱　117

面对陌生人要提高警惕　119

谨防骗子的"心理攻势"　121

122　机智逃生

124　洞中迷路时

126　面对"化缘"的"和尚"

128　难忘的生死时刻

130　地震发生之后

132　维修中的电梯不能乘坐

133　远离毒品

135　人体绳子

137　星星点灯

139　冷静应对突发的飞机故障

扭伤了脚怎么办

"同学们，我们先做一下准备活动，"体育课上徐老师对初中一年级一班的同学说，"这一节课，我们进行立定跳远测试，希望大家做好预备活动。下面由体育委员谭乐带领大家活动，我把场地处理一下。"

"好的。"谭乐对大家说，"大家听好了，由排头开始，左转弯开始跑步！"

跑了一圈后，谭乐对大家说："我们再做一下预备活动。伸伸腿，弯弯腰。"说着就"一、二、三……"地喊了起来。

王猛见大家活动起来，就请假到厕所去了。王猛多了个心眼，心想：预备活动会消耗能量，不如自己不活动，省下劲来用于跳远，说不定还能创一下记录呢。这样的话，就可以大出风头喽！想到这里王猛心里暗自高兴起来。

"同学们，大家都准备好了吗？"徐老师问大家。

"好了！"同学们异口同声地回答。

测试在有条不紊地进行着……

"王猛——"

"到！"

总算轮到王猛出场了。他高兴地来到起跑线前。"预备——跳——"王猛一听口令，立刻跳了出去，"妈呀——我的脚——"只见他摔倒在地上，紧紧抓住脚踝，头上滚下豆大的汗珠……

徐老师急忙查看他的伤势——王猛的脚踝扭伤了。

徐老师立即对王猛采取了一些急救措施，接着把他送到校卫生室……

脚扭伤后，可以先原地休息儿分钟后再慢慢活动一下关节，看着伤处是不是很痛，由此判断扭伤的程度。

1. 脚扭伤后要立即脱下鞋子，举起受伤的脚。如果脚踝肿胀无法脱鞋，可用剪刀把鞋子剪开并脱掉。

2. 如果感觉不是很疼，勉强可以走路的话，可以用冷毛巾敷伤处，再涂抹一点红花油并适当休息。

3. 冷敷后用带弹力的绷带扎住扭伤的部位。具体做法是：先在脚踝部绕一圈，接着绕到足背和脚底后再绕回足背，在脚踝部多绕一圈扎紧，将脚抬高。

4. 冷敷前千万不要揉擦或按摩，24 小时后确定未骨折，可热敷，促进局部血液循环。

5. 如果觉得脚疼得很厉害，伤处还逐渐肿胀起来，说明可能扭伤了骨头，应立即送医院检查治疗。

不该发生的行为

某年春天的一个上午，教语文的于老师正在给大家上课。她讲完之后给大家布置了作业，不一会儿，有些同学就把作业做完了。于老师说："做完之后就交上来，我给大家当面批一下，这样效果会更好些。"

小雅做完作业后起身走到讲桌前，让于老师面批作业。老师批完后小雅回到座位刚要坐下，身后的张萌用脚迅速地把小雅的凳子勾走了，小雅一坐，身体落空，摔了个仰八叉。小雅瞪了张萌一眼，感到屁股疼得很厉害，用手揉了揉屁股，也没有说什么。后面的几个同学都哈哈大笑起来。

晚上回到家里，小雅感到疼痛难忍，便告诉了妈妈。爸爸和妈妈带她到医院检查，医生检查后说："小雅的尾椎骨被摔成'粉碎性骨折'。"

无独有偶，田自力同学也发生了类似的情况。课间几个同学在操场上玩耍，一只蝴蝶飞来，田自力拔腿就去追蝴蝶，正好从陈宝强面前经过。陈宝强一伸腿绊了一下，田自力一下子摔倒了，嘴巴正好碰到前面的一块小石头上，门牙被碰掉了一颗。

另一个班级里，几个同学正在打闹，其中一名男生把房铭推到张言身上，张言便顺手勾住房铭的脖子，房铭站立不稳，朝后倒去，一头撞到了课桌上，当场呕吐不止。两名男生吓坏了，急忙叫来老师并拨打120急救电话，经医生检查，房铭因头部被撞导致脑震荡。

随后，这几个同学的家长付了一定的医疗费，用来治疗受伤的同学。

勾走同学的凳子、使绊子、搞恶作剧等都是不该发生的行为。开玩笑过度，就可能给自己或别人带来无法弥补的伤害。少年朋友，为了和同学们愉快相处、平安地度过校园生活，请大家记住：

1. 切不可玩"卡脖子"的游戏，因为这种玩法十分危险。
2. 不能勾走对方的凳子，以免摔伤对方。
3. 不能给同学下绊子，以免造成比较严重的伤害。

被"打爆"的手机

14岁的小雪是实验中学初二的学生，她是老师、同学们公认的"马大哈"。上课忘记带笔、考试忘带准考证、回家忘记带钥匙、出门忘记带手机，这些都是经常发生在她身上的事。

而自从上个月发生了一件事后，她的"马大哈"毛病被彻底治愈了。

这件事还得从头说起。进入11月后，天气越来越冷，天黑得也越来越早。晚上五点半多，小雪和闺蜜小雨一起从补习教室出来，看到地

上白茫茫的一片。下雪了！这还是今年第一场雪呢。小雪和小雨高兴地在鹅毛般的大雪中蹦跳着，还不时地伸手接雪花。

疯闹一阵后，小雪和小雨赶到了公交车站去坐车。这么冷的天，还是坐在暖暖和和的家里最舒服。这时候，爸爸妈妈应该也快下班了，小雪想，回家还能赶上帮妈妈做饭呢。但由于下雪的原因，公交车行驶得特别慢，路上也特别拥堵。天色完全暗了下来，两边的路灯瞬间亮了。当那个以3开头的公交车姗姗来迟时，小雪拉着小雨随着人群挤上了公交车。

所幸，两人在后车厢找到了座位。上了一天的课，小雪和小雨都特别疲惫。反正到家还要将近一个小时，所以，两人头靠着头睡着了。

小雪是被一阵急刹车声惊醒的。原来由于路滑，有个骑自行车的行人不小心摔倒了，幸亏司机手疾眼快、及时刹车，才避免了一场惨祸的发生。不过，小雪可没注意这些，因为她发现窗外的景色有点不对，她回家可不经过这里。她急忙推醒了身边的小雨，这时，她们才发现上错车了。两人连忙下了车，决定到马路对面坐同路公交车原路返回，然后重新坐车回家。这时已是晚上7点多钟，比平时这个时间应该到家了。小雪想先给妈妈打个电话说一声，但是她这个"马大哈"发现又忘记带手机了。而爸爸妈妈的手机号码她完全不记得，所以也无法拿小雨的手机给爸妈报平安。无奈，她俩只好尽快往回赶。当她俩回到原先的公交车站时，更糟糕的情况还在等着她们：由于下雪，她们要乘坐的公交车已经停运了，而她俩身上的钱也不够打车回家。

已将近晚上9点，大雪还在纷纷扬扬地下着，公交站里只有她们俩孤零零地站在那里。小雨再次拨打家里的电话，想让爸爸来接她们，但是她爸爸现在正在加班，从公司来这里需要至少半个小时，于是两人只好呆呆地站在雪中等着。

大雪还在下，小雪和小雨已经没有了欣赏雪景的心情，只是呆呆地站着。终于，小雨的手机响了，是她们共同的朋友张玉打来的。张玉是小雪的邻居，她问小雨，小雪是否和她在一起，还说小雪的妈妈很担心她，问她们为什么这么晚了还没有回家。挂断电话后不久，小雪的妈妈就给小雨打来了电话，妈妈的声音很急切，问她们为什么这么晚还不回家。小雪告诉妈妈，她们坐错了车，而她又忘记带手机。妈妈没有责备她，只是再三叮嘱她们不要乱跑，注意安全，乖乖地等小雨的爸爸去接她们。

晚上 9 点半，小雨的爸爸终于来了。他先把小雪送回家，然后才回自己的家。

一到家，小雪就被妈妈拥进了怀里。爸爸说，她这么晚不回家，妈妈差点就报警了。看着妈妈红红的双眼，小雪心里愧疚极了，都怪自己"马大哈"，忘记了带手机。

回到卧室，小雪才发现，她的手机已经没电了。而当她给手机充上电、重新开机才发现，竟然有那么多未接电话和未读短信，都是来自同一个人，那就是她的妈妈。

通过这件事，小雪"马大哈"的毛病被改掉了。

青少年朋友，出门在外要做到以下几点：

1. 一定要记得带通讯工具。现在手机对于中学生来说已经成为必备之物，所以出门在外的时候，一定要带上手机，以便随时和家里保持联系。

2. 如果不能按时回家，要提前打电话通知父母，以免他们担心。

3. 如果没有手机或者忘记带手机，当不能按时回家或者遇到突发事件的时候，可以通过公用电话或者借别人的手机通知家里。

4. 遇到突发事件时一定要镇定，不要慌张，可以向父母或者周围认识的大人求助。不要随便接受陌生人给的食物或者上陌生人的车。

5. 如果在夜晚，要走灯光亮、人多、车多的大路，千万不要一个人乱走，以免发生危险。遇到形迹可疑的人要甩掉他，向人多的地方走，千万不要和他纠缠。可及时打电话给亲友，让他们来接你。

当洪水袭来的时候

1998 年 7 月，长江流域上的一个小村庄里，7 岁的吕大柯百无聊赖地坐在门边，伸手接着从房檐上落下的"瀑布。"大雨已经连续下了好

多天，昨天村长刘大叔还来说，村后那条河里的水已经满了，就要溢出来了。

吕大柯想，水要是真的溢出来怎么办？那条河道修得比田地都高，比吕大柯家的院墙要高出许多。水要是冲过来，院子会不会都装满了水？到那时候是不是就可以直接在院子里游泳了？

屋外下大雨，屋内下小雨。从屋顶漏下的雨滴滴在屋内的盆子里，发出"滴滴答答"的声音。吕大柯的妈妈愁容满面地看着就要见底的米缸。连续多天的大雨都没人去集市了，家里快要断粮了，这可怎么办？这时候吕大柯的爸爸在外地打工，也指望不上啊。

天渐渐暗了下来，大雨不但没有停歇，而且还有加剧的趋势。突然，密集的雨声中传来一阵嘈杂声，有人在大喊着什么。妈妈凝神听了一会儿，原来外面有人在喊："大水来了，河堤被冲垮了！"

妈妈一听，有点懵了。就在几分钟的时间里，大水如猛兽一般呼啸着从村后袭来，很快就灌进了吕大柯家的院子，然后冲进了屋里。小小的吕大柯，一下就被大水冲倒了，幸亏妈妈手疾眼快，立即将他抱了起来。不一会儿大水已经到了膝盖的位置。

天要黑了，大雨还在下。照这个趋势，大水很快会淹没这里的。妈妈来不及收拾，拿起门后的雨衣披上，然后抱起吕大柯跑到了屋外。

街上到处都是忙于逃命的村民。不时还有人大喊："往村前的山坡上跑，那里地势高。"妈妈抱紧吕大柯，跟随大家往山坡跑去。

水势还在上涨，已经快要到妈妈的腰部了。吕大柯心里害怕极了，他紧紧抱着妈妈的脖子，看着妈妈在洪水中艰难前行。

突然，一阵汹涌的急流袭来，妈妈被冲倒在水中，然后被洪流拖曳着往前流去。尽管如此，妈妈依然紧紧抱着吕大柯。她被浊浪急流裹挟着，尽力把头浮出水面，不会游泳的她被浊浪呛得几乎神志不清了。可是，内心一个微茫的声音一直在响：我要救我的孩子，我要让孩子活下来！

洪水呛进吕大柯的口鼻里，吕大柯吓得大哭起来。妈妈浮沉间尽力把吕大柯举起来。

天已经黑透，伸手不见五指。雨声、浪声，在这漆黑的夜里就像呼啸的猛兽，随时可以取人性命。

幸好，冲出没多远，妈妈抱着吕大柯被村口那棵大柳树挡了下来。妈妈摸索着把吕大柯放在树杈上，自己一手扶着儿子，一手抱着大树，并安慰儿子："大柯别怕，妈妈在这儿！"吕大柯紧紧搂住妈妈的脖子，慢慢停止了哭泣并趴在妈妈的肩头睡着了。天亮的时候，雨终于停了，小村庄已经淹没在一片汪洋之中。

吕大柯被一种声音吵醒。他睁开双眼，看到妈妈紧紧抱着他的腰站在水里。

这是"突突"的马达声。妈妈兴奋地说："大柯快看，有人来救我们了。"

吕大柯转头看去，只见一群穿着迷彩服的解放军叔叔坐着一艘快艇疾驰而来。当他和妈妈被救上快艇的时候，吕大柯激动得流下了眼泪。那一刻，吕大柯下定决心，长大了也要当一名解放军战士，去解救一切陷入困境的人。

如今，吕大柯终于实现了自己的愿望，成了一名光荣的解放军战士。

洪水会对人类造成很大的危害，如造成人员伤亡、建筑物损毁；农田被淹、庄稼绝收；生态平衡遭到破坏……

亲爱的少年朋友，当我们遭遇洪水威胁的时候，一定要记住以下几点：

1. 如果时间来得及，应按照预定路线，有组织地向山坡、高地等处转移；在措手不及、突然遭受洪水包围时，要尽可能地利用船只、木排、门板、木床等，进行水上转移。

2. 洪水来得太快、已经来不及转移时，要立即爬上屋顶、楼房高层或大树、高墙上，暂时避险，等待援救，不要单身游水转移。

3. 在山区，如果连降大雨，容易暴发山洪、泥石流，遇到这种情况，应该注意避免渡河，防止被山洪冲走，还要防止山体滑坡、滚石、泥石流的伤害。

4. 发现高压线铁塔倾倒、电线低垂或断折，要远离避险，不可触摸或接近，以防触电。

5. 洪水过后，要服用预防流行病的药物，做好卫生防疫工作，避免发生传染病。

女学生智斗劫匪

双休日的一天上午，初中一年级的赵同霞同学在家里学习。因前几天感冒了，落下几门课程，她想利用双休日的时间把课都补上。

正当她专心致志学习时，忽然有人敲门，她以为是爸爸妈妈回家了，就去开了门。谁知，进来的却是一个20岁左右的陌生人。陌生人用手将赵同霞一推，说："向里走！"随手将门关上了，然后从衣兜里掏出一把锋利的尖刀，指向赵同霞的胸脯，恶狠狠地说："你家里的钱放在哪里，赶快把钱交出来！"

这会儿，只身在家的赵同霞非常害怕，吓得几乎说不出话来。

陌生人说："你站在墙边，不要动歪心眼儿，免得吃皮肉之苦。"

赵同霞只好乖乖地站在客厅的墙角边。陌生人开始在衣柜里寻找值钱的东西。

看到凶狠的陌生人准备撬开被锁住的书桌抽屉时，赵同霞连忙说："你这样撬会把抽屉撬坏的，让我到里面的小房间里找钥匙吧，我爸爸、妈妈可能将钥匙放在小房间里了。"

陌生人听后，认为反正大门关着，小姑娘就算有天大的本领也不可能逃走，就让她进小房间去取钥匙吧。赵同霞进入小房间后突然把门关上，并拨打"110"报警。陌生人知道小姑娘在里面打了报警电话，立刻慌了手脚。他打算冲进去教训一下小姑娘，但又怕时间来不及，拔腿就往门外跑去。

赵同霞从房间的窗子里看到陌生人跑出大楼后，又打电话给爸爸和妈妈，说家里出事了，让他们赶快回家。爸爸、妈妈和民警几乎同时来到家里，详细地询问了抢劫的过程，询问了抢劫犯外貌特征等。民警根据抢劫犯的特征，很快就将他抓获了。

启 迪

如果遇到本文中的情况，为了避免伤害事故的发生，我们不妨按以下几点去做：

1. 家里最好安装防盗门，居住在一楼的住户窗户上应该安装防盗栅栏，楼道内要有灯光照明。

2. 独自一人在家时，不要让陌生人进门。

3. 如果抢劫者已经进入室内并手持凶器，要想方设法与其周旋，不要盲目反抗，必要时可以舍财保命。

4. 抢劫者逃跑后，要及时呼救并打 110 电话报案，说明抢劫者的性别、年龄、身高、衣着、口音及外貌的显著特征等等，以便警方及时破案。

穿衣服的地方不能让别人动

睿睿今年 11 岁，是个既漂亮可爱又品学兼优的女孩。她的邻居是一个三口之家，王叔叔、赵阿姨和 12 岁的女儿萌萌。

一天中午，睿睿写完作业闲着没事，就到邻居家里玩。她按响了门铃，王叔叔过来开了门。"叔叔，萌萌在家吗？"睿睿问。

"在家，在家，进来吧。"王叔叔答应着。

睿睿进门一看，赵阿姨没有在家，萌萌在睡觉。便说："叔叔，等萌萌睡醒之后，我再来跟她玩。"

"没有关系的，"王叔叔拉住睿睿的手，"你可以在这里看会儿书，等萌萌醒了，你们再玩。"

睿睿爱看书，听王叔叔这么说便答应了，于是就坐在了茶几后面的沙发上。

一会儿王叔叔找来书，并拿来水果和糖放在睿睿面前，让睿睿吃。睿睿摇摇头说："妈妈告诉我不能随便吃人家的东西。"

睿睿拿起一本故事书,津津有味地看起来,她被书上的故事深深地吸引住了,就坐在那里一页一页地看下去。

王叔叔坐在睿睿身边和她说着话。

"睿睿,爸爸和妈妈在家吗?"

"在家呢,爸爸在看电视,妈妈在洗衣服。"

"睿睿,你喜欢到叔叔家里玩吗?"

"喜欢呀!"

"那好啊!"王叔叔说,"我家里有很多书,你可以随时来我家里看书。"

睿睿忽然感觉到叔叔离自己越来越近,后来居然把手伸到了她的背上,再后来又伸到她的腿上。睿睿抬头看看他,发现叔叔的眼神怪怪的。

随后,叔叔的手又放到她的背上,睿睿感到不舒服。忽然,她想起了妈妈从小告诉她的话:"穿衣服的地方不能让别人动!"

睿睿大脑迅速思考着:"这该怎么办呢?"忽然,她有了办法。睿睿合上书,站起来说:"叔叔,我有时间再来看书吧。我想起来了,妈妈要我一起到超市去买东西呢。"

叔叔尴尬地站起来给睿睿开了门,睿睿急忙跑回了家。从此以后,她再也没有单独到萌萌家里玩过。

启迪

睿睿靠机智和聪慧避免了一场来自成年男人可能的伤害。是啊,少年儿童只要是穿衣服的地方就不能让别人触摸,尤其是女孩子,更应该注意这一点。

1. 不要让男人触摸自己的身体,以防自己受到伤害。切记:自己的身体属于自己,要洁身自爱。

2. 不要独自到别人家去玩,不要和男人单独在一个房间里。如果感觉情况不对,要马上找借口离开。

3. 即便是老师辅导自己,如果有身体上的接触也应该警惕,应找借口或说自己不舒服马上离开。

4. 在外面要有防范意识,不要搭理陌生男人的询问,更不能接受男人的小恩小惠。

QQ号被盗引发的故事

王老师年过半百，桃李满天下，而且和不少学生保持着联系。双休日，王老师在家干一些家务活。快到做午饭的时间了，忽然，他裤兜中的手机响了，一看，是在上海工作的一名学生打来的电话。他感到惊讶：他和这个学生一般只是在过年时打打电话，怎么他现在打来电话了呢？虽然不解，王老师还是接起了电话，问道："张凯，最近工作还好吗？"

"老师，您好吗？"那位叫张凯的学生说，接着又问道："您遇到什么急事了啊，要我给您打款1万元钱？"

"啊？我没有呀！"王老师回答。

"这是怎么回事呀？"张凯说，"是您在QQ号上说的。"

"我最近没有登录QQ号啊！不好，可能是我的QQ号被盗了！"王老师说道。

"是刚才我见到您在QQ号上发来的信息，说向我借1万元钱。所以，我想核实一下，再给您打钱。"

"多亏你多了一个心眼儿。"王老师庆幸地说。

挂了张凯的电话没一会儿，王老师的电话又响了起来。是同事滕老师打来的。

"喂！老滕，找我有事吗？"王老师接起电话问道。

"老王，你不是在QQ号上跟我说家里遇到了事，让我给你打款1万元吗？"滕老师说。

"啊，又是这个啊！不好意思啊，可能是我的QQ号被盗了。"王老解释说，"刚才我的一个学生也打来电话问我。那是骗子的伎俩，千万别相信。"

这个电话刚打完，电话又响了，来电话的是王老师的好朋友杨大强。他开门见山地说："老王，你家有急事吗，要我打1万元到一个账户

上？我刚想打，对方又催了一遍，我认为这不是你的办事风格，于是就打电话问一问你。"

"哦，不好意思，是我的 QQ 号被盗了，多谢你在打钱之前先问我一下。"王老师诚恳地说。

王老师刚接完杨大强的电话，电话又响了："大哥，你有急事需要钱吗？"是王老师在外地工作的妹妹打来的电话。

"哎呀！妹妹，是我的 QQ 号被盗了，骗子以我的名义乱发信息诈骗。千万不要上当！"王老师说完，十分生气，他想赶紧登上 QQ 澄清这个问题，要不然还会有很多人被骗。

王老师刚想登录 QQ，他的小姑又打来电话，问他是不是出事了急需钱。

王老师一听，知道又是盗他 QQ 号的骗子耍的花招。解释清楚后，小姑提醒他快点修改密码。于是，王老师通过认证找回了 QQ，并将 QQ 的个性签名改为："骗子进入我的 QQ 乱发信息，请各位亲朋好友、学生们不要相信那些骗钱的信息。我从来没有在 QQ 上发布急需用钱的信息。"

启迪

亲情虽可贵，但也要擦亮爱的眼睛，不要轻易相信骗子的诈骗信息。有些骗子专门利用他人的软肋进行诈骗，所以对于这些骗子的卑鄙行径，我们要予以曝光，将他们的罪行昭告天下，以警醒世人。

网络给了大家方便，也难免会产生很多误会。有些重大的问题不能光靠网络跟外界联系，多打个电话会更好一些。为了防止骗子利用 QQ 诈骗，我们不妨注意如下几点：

1. 不能用 QQ 自动登录，以免相关的信息被骗子复制。骗子看到你的信息后，会根据信息采取手段进行诈骗。

2. 遇到"钱"与"财"的问题，要亲自打电话问仔细，以免上当受骗。

3. QQ 只是聊天的工具，不能证明人的真正身份，所以不要轻易相信，以免上当。

被困暴雨中

天气预报说，今天下午有暴风雨，可刘洋一点都不放在心上。所以，当妈妈早上上班前叮嘱他今天不要出去、好好在家待着时，刘洋只是敷衍地答应了一声，心里却想："天这么热，下场雨才凉快呢。"

暑假快过去一半了，刘洋还没机会出去尽情地撒次欢儿，因为妈妈给他报了三个暑期辅导班，每天早出晚归，比上学的时候还累。终于今天休息，就是天上下刀子，刘洋也要出门去，因为他已经约了好友周刚今天去护城河里畅游一番。

吃过早饭，他就骑着自行车出门了。两人一会合，没多耽搁，就直奔城郊那段护城河而去。

虽然还没到中午，天上的太阳已经很毒，照在身上仿佛要将衣服烤着一般。刘洋和周刚已经大汗淋漓，但两人一点都不在乎，嘻嘻哈哈地将自行车骑得飞快。所过之处，响起一片蝉鸣。

就这样的天气，还有暴风雨？刘洋对此一点都不相信。

当两人到达护城河时，已经是中午了。他俩拿出随身带的面包，随便吃了点，就脱了衣服跳进河里。河水被烈日晒得温乎乎的。

刘洋和周刚在河里竞相展示着自己的泳姿，一会自由泳，一会蛙泳，一会蝶泳，一会仰泳，不时还来段小比赛，看看谁游得快，潜水比一比谁憋气的时间长。

当两人尽情畅游时，天色却暗了下来。还没到 10 分钟，本来的大好晴天已经乌云密布，不时还划过一道道闪电。

刘洋和周刚刚爬上岸，衣服还没来得及穿，倾盆大雨就从天上"泼"下来了。没几分钟，两人就淋成了落汤鸡。

"咱们还是先找地方躲躲雨吧！这雨点砸身上都快砸出坑了！"刘洋抹了把脸说。他有点后悔没听妈妈的话。

"好！可去哪躲啊？"周刚答应着，四处寻找躲雨的地方。可这附近

除了树就是光秃秃的地，连个休息的亭子都没有，去哪里躲雨呢？

"要不咱们去那树下躲躲吧！"刘洋指着远处的一颗大杨树说道。

"傻呀？你是不是嫌雷公电母找不到你啊？还躲树下！"周刚不客气地反驳道。打雷下雨千万不要躲到树下，这可是从幼儿园就学习的道理。

刘洋沮丧极了："那咱们还是跑吧！"他建议道。

"嗯，自行车先扔这里，等雨停了咱们再回来骑。"的确，这种天，骑自行车还不如双腿跑得快。

说完，两人就撒脚丫子跑开了。天空不时划过一道闪电，然后紧跟着一阵轰隆隆的雷声。刘洋边跑边喊："吓死宝宝了！吓死宝宝了！"

周刚也边跑边张开双臂大喊："让暴风雨来得更猛烈些吧！"

两人跑了20多分钟，终于在路边看到了一户人家。俩人连忙跑到他们大门的门廊下躲雨。

尽管是酷暑八月，他俩还是感觉到了有些凉意。刘洋抱着胳膊，抖着嘴唇问周刚："看这架势，是不是有人在度雷劫啊？"

"啊，什么意思？"周刚感到莫名其妙。

"哈哈，你没看过小说啊，修成正果，要成仙了，就要度劫。九天神雷一劈，挨过去了就能得道成仙！"

两人边聊边等天晴，时间也不算难挨。他们以为雨一会儿就停，所以不想进去打扰人家。但是半个小时过去了，一个小时过去了，雷电渐歇，但大雨却依然滂沱。刘洋真后悔没听妈妈的话："真是不听老人言，吃亏在眼前啊！"

"别抱怨了，我们还是想想怎么回去吧！"两人骑自行车来的时候，可是花了快两个小时呢！现在下着暴雨，还没了自行车，如果只靠"11号"回家，不知道要到什么时候呢。

"要不咱们进去借个电话吧！我给我爸打个电话，让他开车来接咱们！"刘洋说。他俩因为今天要来游泳，没地方放东西，就没带贵重物品，所以手机也没带。

"好！快冻死我了！"周刚抱着胳膊同意道。

说着，两人推开了大门，朝里面喊道："有人吗？"但这声音很快被雨声吞没了。无法，两人只好冲过院子，跑到人家的堂屋门口，开始用手敲门。很快，一个大婶过来开了门。了解了他们的情况后，很痛快地把电话借给了他们。

大婶等刘洋打完电话，还热情地让他俩洗了个热水澡，然后拿出自己儿子上学时穿的衣服给他们换上。

两人换了干燥的衣服，端着盛满热水的杯子，感叹道："大婶真是个好人啊。"

很快，刘洋的爸爸开车到了这里。等把周刚送回家，爸爸狠狠地把刘洋教训了一顿。

少年朋友，当你在路途中遇到暴风雨时，要注意以下几点：

1. 先找一个安全的地方躲避暴风雨。

2. 为了预防暴风雨，每天养成收听或收看天气预报的好习惯，做到心中有数。

3. 如果突然遇到暴风雨，千万不能跑到树下躲雨，以防雷击。

4. 若有可能的话，先在路边的商店、超市等处避雨。

5. 在外面遇到暴风雨的时候，最好的办法是给爸爸或妈妈打电话，让大人来接，但打雷的时候暂时不要打电话。

与劫匪打心理战

2014 年的一天中午，女工陆小娟下班到菜市场买了些菜，急急忙忙赶回家。她刚跨进家门，一名歹徒便悄悄跟了进来。歹徒将她按倒在地并关上了门，用尖刀紧逼她的咽喉，说："赶快把钱交出来！"陆小娟明白他话里的意思，赶紧掏出买菜剩下的 100 多元钱递了过去。

歹徒一把夺过钱，说："打发要饭的呢？"说完，他又盯上了她手指上的金戒指和脖子上戴的金首饰。这时候，陆小娟想：不能害怕、等死，先得稳住他，然后再想办法。于是，她便用语言来试探歹徒："你赶紧拿着钱和项链、戒指走吧，我爱人和弟弟快回来了。"

歹徒一听，凶狠地说："哦，你还来吓唬我，看我怎么教训你！"说

完，把她拖进里屋，用绳子将陆小娟反绑后按倒在地，用手死死地掐住陆小娟的脖子。陆小娟腿一伸，昏了过去。

过了一会儿，陆小娟慢慢地苏醒过来，发现歹徒正在四处乱翻。她知道这个抢劫犯比较凶狠，不能跟他硬碰硬。

于是，她便向歹徒展开晓之以理、动之以情的攻势："大哥，你干这个多危险呀，为什么不干点别的呢？我家里还有500元吃饭的钱，放在门厅立柜里，你都拿去吧！"

"是真的吗？"歹徒的经验告诉他，被抢者都会花言巧语地忽悠他，没想到他过去一看，那里果真有500元现金。正在这时，外面响起"咚咚咚"的敲门声。

原来，当陆小娟与歹徒一前一后上楼时，被从楼上下来的13岁男孩赵炎看到了。这个机警的孩子听到屋里传出陆小娟的尖叫声，心想那个男人可能是个坏蛋。于是，他跑到建材市场告诉了在那里做生意的爸爸，爸爸立刻打电话报了警。

听到敲门声，歹徒慌了神。为了打消歹徒狗急跳墙的念头，陆小娟又机智地说："刚才劝你带东西走你不听劝，这下你可就麻烦了。你若是跳楼不死也会落个残疾，你若是杀了我你也跑不了，有人命案和没有人命案的案件是不一样的。"入情入理的话击中了歹徒的要害，他额头上不断地渗出汗珠。陆小娟看在眼里，继续以柔克刚，展开了她的"心理战"："你就是加害于我，你也应该听我说说这个理儿。我看你现在是难以脱身了，现在只有不再做蠢事才是你最好的出路。"

见歹徒不吱声了，陆小娟又不急不徐地说："你被抓着和你主动出去认罪，罪责的性质是不一样的，你自己可以好好想想。"

"你别说了，我、我主动出去自首。"歹徒心理防线完全崩溃了，陆小娟彻底降服了歹徒，她的"心理战"成功了。

歹徒为陆小娟松了绑，把绳子和刀藏起来，然后叫陆小娟开门。陆小娟打开房门，见到前来营救的亲人，不禁热泪盈眶。警察当即将歹徒抓了起来。

一名普通的弱女子，在歹徒闯入家中、用刀威逼实施抢劫时，临危不惧，与其巧妙周旋，成功开展"心理战"，终使歹徒束手就擒，令人拍案称奇。

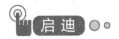

面对突如其来的抢劫，首先不能以死相拼；其次是头脑要保持冷静。如何保证自己的安全，这是最核心的问题。在保证自己安全的前提下向外界发出求救信号，此乃上策。如果不能发出求救信号，就只能用拖延战术，期待事情出现转机，这是中策。如果事情真的没有转机，就尽量把损失减到最小，并记住犯人的特征，以便事后报案，这是下策。上上策是与对方打"心理战"，让对方打消进一步犯罪的念头，或者让自己获得脱险的机会。

少年朋友，当盗贼进入家中后，我们应该做到如下几点：

1. 晚上家中进了盗贼，不要主动开灯，因为盗贼并不熟悉你家里的环境，而你却很熟悉。尽量不要出声，别让贼知道你在什么位置和家里有几个人，然后再找机会将贼制服。

2. 当一个人在家时，要想办法让盗贼明白，家里马上就会有人回来。

3. 尽量往外面跑，不要管家里的东西，也不要与盗贼搏斗；跑出去后要马上报警。

4. 家里进贼后，要想办法让别人注意到自己家，比如从阳台上往下扔衣架、服装等物。

5. 体弱者尽量和贼斗智；身体强壮者可以和贼斗勇。

6. 贼进屋后，尽量不要盯着贼看，这样贼就能放松警惕，认为你不会反抗，就不会采取过激的行为。

7. 如果贼掐你或用别的方法伤害你，能装死就装死，以躲避贼进一步的伤害。

8. 如果附近没有人，就不要大声呼叫，因为大声呼救容易激起贼的杀机。

9. 如果贼要捆绑你，你要往前伸手，让贼把你的手捆在身前而不是身后。贼在捆绑你时，你要尽量把肌肉绷紧，当逃跑时，手就容易挣脱绳子。

10. 如果钱被翻出来，不要和贼搏斗，要舍财保命。

11. 家中的菜刀平时不要放在显眼的位置，以免被盗贼利用。

被狗咬的惨痛经历

自从 10 岁那年回奶奶家被狗咬了之后，章江已经 3 年没有回老家看奶奶了。今年，奶奶打电话给爸爸说，十分想念孙子，声音里还带着哭腔。所以，一放暑假，章江就和爸爸一起坐上了回老家的汽车。

奶奶家在农村，那里家家户户都是独门独院，所以都养着狗，有的人家一养就是两三只。当章江和爸爸到达村口的时候，章江就站着不动了，因为他看到村口那家的门口趴着一只大狗。那只狗老远就看着他们，对他们"汪汪"地叫了两声。

爸爸看章江这样，不禁笑出声来，说："别怕，家养的狗一般都通人性，不咬人。"

"怎么不咬人！那年狗咬了我的腿，留下的疤还在呢！"章江说着就要撸裤腿，让爸爸看他的伤疤。

爸爸想起 3 年前的情景，不禁大声笑了起来。

那时也是暑假，章江随爸爸回老家看奶奶。那时候他还是一个只会调皮捣蛋的小屁孩，整天跟村里新认识的朋友刘著上树掏鸟蛋，下河摸鱼虾。见了人家养的鸡啊鸭的，也稀罕得了不得。

刘著邻居家的狗生了一窝小狗崽，章江和刘著就整天去逗弄着玩。他们都觉得毛茸茸的小狗特别可爱，特别是小狗水汪汪的圆眼睛就跟洋娃娃似的，看着就想抱着摸两把。平时，他们俩去逗弄小狗玩的时候，母狗总会"汪汪"地叫个不停；但他俩仗着母狗被拴着，扑不上来，就变本加厉地揉弄小狗，揪揪耳朵，拽拽尾巴，不让小狗回到母狗那里去。

这天，当章江和刘著又去逗弄小狗的时候，母狗照样"汪汪"地叫个不停，还龇着牙发出"嘶嘶"的声音，不时转圈想挣开铁链扑向他们俩。它往前扑的力量弄得铁链哗啦啦作响。

章江见此情况有点害怕，就把小狗抱得更远了，还向母狗解释：

"我只是跟你的孩子玩玩，别这么凶。"母狗当然不会理他，继续"汪汪"地叫着往前扑。

就在这时候，只听"哗啦"一声，母狗拉着铁链向章江扑过来。原来母狗用力过猛，将系铁链的木桩拔起来了。

章江被吓得魂飞魄散，扔下小狗就跑，刘著也紧随其后，一边跑一边喊救命。坏就坏在章江穿的是拖鞋，没跑几步他的鞋就跑掉了一只。村里都是土路，路上有好多石子，硌得脚疼。章江光着脚，速度就慢了下来。只见母狗拉着铁链，一个"恶狗扑食"就咬住了章江的小腿。

章江被扑倒在地，全身麻木，脑子里一片空白。

等他恢复过来时，看到腿上鲜血直流，这才知道——他被狗咬了。然后他的腿疼了起来，越来越疼，他哭了起来。刘著听到他的哭声，也从前面跑了回来，看到血吓得也快哭了，赶紧跑回去喊大人来救护。

最后，是爸爸带着章江去的医院。医生检查了章江的伤口，然后很严肃地说："一定要打狂犬疫苗，并且要在24小时之内打上疫苗。"

就这样，章江不但被狗咬了，还多次注射了狂犬疫苗。

现在，看到"一朝被狗咬，十年怕见狗"的章江，爸爸心里有了办法。他对章江说："儿子，我教你个绝招，保你以后狗见你就跑。"

"什么绝招？"章江连忙问。

"看我的！"爸爸说完，走到村口的大狗跟前。当狗又"汪汪"叫着冲爸爸跑来的时候，只见爸爸缓缓弯下了腰，大狗见状果然转头就跑了！

章江惊奇极了，连忙问爸爸这是为什么。原来，狗以为爸爸这是弯腰捡石头砸它呢，所以本能地逃跑了。

学会绝招的章江不仅仰头大笑，以后他再也不怕狗了。

启迪

青少年朋友，狗并不是见人就咬的，被咬的大多是老人、小孩，他们往往在狗的面前显露出胆怯的神情或见狗就跑。如果表现强悍一点，如对狗大喝一声，或拾起石头、棍子做好准备，或朝狗投掷过去，狗就会本能地逃走。当狗从正面袭来时，要保持一定的距离，睁大眼睛怒目而视，绝对不能跑或露出要逃跑的样子，并做好应对的准备。当狗扑过来时，可以将衣服脱下来吸引其注意力，让它咬住衣服，然后从旁边猛踢过去。

少年朋友，如果不幸被狗咬伤，请注意如下几点：

1. 不要慌张，可以立即用肥皂水、消毒剂或清水反复清洗伤口，时间不少于 15 分钟，伤口深时要用注射器灌注反复冲洗，时间至少要在 30 分钟以上。

2. 然后用酒精反复消毒，最后涂上碘酒。

3. 伤口尽量不止血、不包扎、不缝合，以免狗牙上的毒液流不出来。

4. 应及时到医院或防疫站注射狂犬病疫苗。

当油锅起火时

星期日早上，妈妈对睿睿说："今天家里有客人。"睿睿问："是谁？"妈妈说："是舅舅和舅妈要来。我们把房间打扫一下吧。"睿睿说："好吧。"说完，睿睿就帮妈妈打扫客厅，妈妈就去厨房准备做菜了。

妈妈在厨房里忙活了一阵子后，见睿睿客厅还没有打扫完，就过来和睿睿一起打扫。过了 10 分钟左右，睿睿和妈妈正要去打扫阳台，妈妈不经意间发现厨房着火了。妈妈大喊一声："厨房着火了！"立即跑向厨房。睿睿一听也急忙跑到厨房，只见炒菜锅着火了，火焰好大，已烧到油烟机上了。妈妈立刻把锅盖盖到锅上，睿睿赶紧把燃气阀门关上。火渐渐地熄灭了，真是虚惊一场！

原来妈妈准备炒菜，把油倒到锅里，看油还不热就去帮睿睿扫地了，后来把炒菜的事忘了，结果油锅就着火了。妈妈说："还好，我们今天发现得及时，只是烧坏了锅；如果发现得晚，就会造成更大的损失，后果不堪设想。"

事后，睿睿问妈妈："为什么把锅盖盖到锅上，火就灭了，为什么不用水呢？"妈妈说："油锅着火不同于平时常见的着火，不能用水来灭，越用水，火会越大。这时候最快的灭火办法就是把锅盖盖上，让锅里的油和外面的空气隔绝，没了空气火就灭了。"

"哦，原来是这样呀！"睿睿记住了妈妈的话，同时她也知道了不是所有的火都是能用水来灭的，比如像油引起的火。这件事情让她记忆深刻。

当然，更要提醒所有的家长，做饭的时候不要远离厨房，也要和学生写作业一样，要专心致志！

自救启迪

如果遇到油锅起火的事情千万不要慌张，要镇定下来想办法，要利用学过的知识和自己的勇气和智慧加以解决。

1. 油锅起火千万不要用水灭火，不管你用的是电锅还是燃气灶，都不要用水浇。谈到灭火，我们首先想到的是水，但这是要针对情况的，千万不要让思维定势害了我们。当然最好的方法是家中备有灭火器，如果没有，可以利用身边的东西来灭火，比如用锅盖盖上灭火，由于缺少空气，火自然会熄灭。

2. 切断电源或气源。一旦遇到着火的情况，首先要切断气源或电源，防止引发更为严重的事故。

3. 用身边的东西，比如用衣服、扫帚、湿抹布等东西灭火。毕竟油锅起火火势不会太大，用此类方法是可以将其扑灭的。

4. 寻求帮助。如果你遇到此类情况时不知所措了，你可以大声呼喊，让你的家人来帮助你灭火。千万不要盲目地去灭火，否则就有可能发生其他意想不到的危险。如果火势已经不可控了，你要做的就是拨打119及时报警。

课间疯闹的代价

卢刚和钱一辉是驼峰学校五年级的学生。一天下午课间活动，两人在玩耍时发生冲突，打闹之中卢刚踢了钱一辉下身一脚，随后上课铃响了，两人回到教室继续上课。钱一辉放学被接回家后，告诉父母自己睾

丸痛，是课间与同学打闹时被踢伤的，随后钱一辉被送往医院治疗。

经医院诊断，钱一辉左侧睾丸因此次事故导致受伤并实施了切除手术，经司法鉴定机关鉴定，其伤情构成9级伤残。随后，钱一辉父母将学校及卢刚和卢刚家长告上法庭，要求赔偿钱一辉此次事故造成的全部损失。

办案法官审理后认为，卢刚和钱一辉都是无民事行为能力人，两人在课间玩耍打闹时，卢刚踢到钱一辉下身致使钱一辉受伤，其行为与钱一辉的损害后果有直接因果关系；期间，该学校未及时发现并制止学生课间打闹，事后也未及时发现并采取救助措施，且亦无证据证明其已完全尽到教育、管理职责，所以卢刚的家长和该校都应对钱一辉承担相应的赔偿责任。

一场打闹，卢刚和钱一辉都付出了沉重的代价。这是血的教训，值得深思！

法官提醒：中小学生活泼好动，彼此间追逐、打闹容易造成身体伤害，类似本案的意外事故在中小学里并非个例。因学生是未成年人，尤其是10周岁以下的未成年人，属于法定的无民事行为能力人，其对危险的认知和判断是有限的，因此，学生在校期间，学校、教师有义务及时制止他们明显的危险行为，并时刻关注学生的状况，发现异常及时处理，否则将可能因未尽到对学生人身安全的注意义务而承担管理疏失的责任。

另外，家长和学校都要加强对未成年人的安全教育，告诫未成年人互相打闹可能存在的危害后果，防患未然，避免类似事故再次发生。

平日里，同学之间看似不经意的小打小闹也潜藏着很多安全隐患，因而课间活动时要注意如下几点：

1. 课间不要打闹、追逐、嬉戏，不要相互扔东西。

2. 不要带危险的物品比如小刀、金属玩具等到学校，以免失手伤人。

3. 同学之间相互礼让，遇事要冷静，不要伸手打人、用脚踹人。

儿子的"恋物癖"

家住红叶大街的老赵最近遇到了一件烦心事，而这件烦心事竟成了一家三口难以诉说的秘密。

两个月前的一天深夜，联防队员在村里进行夜间巡逻时，突然发现前方一个黑影正在一户人家晾衣服的地方晃动了一下，队员老姜立即跑过去察看。不料，黑影察觉到有人，一转身便迅速消失在了夜色之中。不过，对该村已经很熟悉的老姜还是认出了那个黑影，他就是村民老赵家还在上初中的儿子。

很快，那个黑影回到家里，蹑手蹑脚地走进自己的房间，把藏在衣服里的东西——几件女性的乳罩、内裤拿了出来，翻来覆去看了半天，然后小心翼翼地藏到了衣橱的角落。此时，透过门缝目睹这一切的老赵心里是五味杂陈，骂过、打过也教育过，可儿子就是屡教不改，这叫全家人如何在村民面前抬头做人啊！儿子怎么会这样呢？他太失望了。

第二天一大早，联防队员老姜就将此事告诉了管辖该村的社区民警杨凯警官。杨警官了解情况后，心里有了底。他再三叮嘱老姜，千万不能将此事张扬出去，否则孩子的心灵将会受到伤害，很可能走上歧路。

随后，杨警官来到了村民老赵的家中。老赵一见杨警官主动来访，好像看见了希望一样，将儿子这一阵子以来专门在村里"收集"人家晾在外面的女性的胸罩、内衣、内裤的秘密一五一十地告诉了杨警官，同时也诉说了自己爱莫能助的苦恼。

杨警官拍了拍老王的肩说道："你儿子的这种行为叫做'恋物癖'，特征就是难以克制地迷恋异性的衣物。尤其是处在青春期的少年，对于异性会产生很强的好奇心。如果不能正确地加以引导，就会做出常人难以接受的举动。所以，不能简单地用偷窃行为来惩罚他、教育他，更不能歧视他，而是要进行心理暗示、辅导和治疗，从心理上来根本地解决问题。"老赵听了杨警官颇为专业的分析后连连点头，他希望杨警官能

够"救救"他的儿子。杨警官微笑着握了握老赵的手，语气坚定地说道："老赵，我今天就是来帮助你儿子的，把他放心地交给我吧！"

在之后的数个月中，杨警官一有空就来到老赵家和孩子谈心，对他进行法制宣传和教育，还请到了社区的心理医生义务上门为老赵的儿子进行心理辅导，杨警官还定期带着老赵的儿子去相关医院接受心理治疗。

如今，老赵儿子的病情有了明显好转，心理状态日趋正常，夜间不再偷偷外出，看到女性的衣物也不再迷恋了。老赵高兴地说："杨警官是个好人，挽救了我儿子，我真不知道怎么感谢他。现在唯一能做的就是让儿子好好读书，将来报答社会！"

启 迪

恋物癖是一种习惯性的行为，而且患者在偷窃恋物前后的心理也是相当复杂的。没有得手之前，往往感到焦虑、紧张和不安；一旦得手，虽然性心理得到了满足，但常常又会因憎恨自己的这种行为而产生自责、悔恨、忧郁、痛苦、自卑等心理冲突。

有恋物癖的人在现实生活中是有的，面对这样的人，我们不能歧视，应该对他们进行帮助。那么我们应该怎样做呢？

1. 疏导疗法。心理医生根据患者的病情程度，用准确、生动、亲切的语言分析其恋物癖产生的根源和形成的过程以及恋物癖的本质和特点，使患者对自己的病症有一个正确的认识，从而提高治疗的决心和信心，达到治疗的目的。

2. 认知领悟疗法。通过患者对患病过程的回忆，医生找出其根源，然后帮助患者分析恋物癖行为的危害。

3. 厌恶疗法。当患者产生恋物的欲念时，便给他一个恶性刺激，如拉橡皮圈弹击患者的手腕，使之感到疼痛，从而控制这种欲念，直到病态现象消失为止。

登山的遗憾

夏日的一个星期六，肖磊要将早已和爸爸签下的"君子协议"付诸实施——全家人去登泰山。这是肖磊盼望已久的事情。

肖磊的妈妈为了这次登泰山，很早就给肖磊买好了登山鞋以及登山拐杖等一些必备物品。

肖磊的爸爸开车到达泰山脚下，将车停好。下车后，他们没有急着爬山，而是认真地为登山做准备。妈妈说："肖磊，登山要穿上袜子。"

"不用了妈妈，天本来就热，再穿上袜子会更热的。"肖磊坚持不穿。妈妈也没有再说什么。

接着，他们就开始登山了。

泰山不只一座山峰，大大小小的山峰不计其数。山峰上有无数奇形怪状的石头，有的石头缝里还长出了树木，远远望去，满山苍翠。泰山最高的山峰有 1 524 米，最低的有 600 多米，宽的延绵上百千米，窄的也有几百米。山顶上云雾笼罩，看上去若隐若现。山上名贵药材非常多，有灵芝、黄连、人参等等。山上有古建筑 20 多处，历史文化遗迹 2 000 多处。

泰山具有极其美丽壮观的自然风景，其主要特点为雄、奇、险、秀、幽。泰山巍峨、雄奇、沉浑，其秀美的自然景观常令世人慨叹，更有数不清的名胜古迹、摩崖碑碣，这些使泰山成了著名的历史文化游览胜地。

走在台阶上，肖磊满脸的兴奋，不时地落下爸爸、妈妈一段距离，并在远处高喊："爸爸、妈妈加油！"

终于，他们一家三口登上了泰山之巅。

妈妈问："肖磊，累不累呀？"

"妈妈，累倒是不累，但就是觉得脚有点疼。"肖磊苦笑着说。

"哦，肖磊，你是男孩子，不应该娇气啊！"妈妈鼓励肖磊说。

"不是的，妈妈。"肖磊哭丧着脸说，"脚真的很疼。"

妈妈一听急忙说："脱下鞋子，我看一下怎么啦？"

肖磊找了一个干净台阶，坐下来，脱掉鞋子，把脚露出来。妈妈一看："啊！脚上怎么磨掉这么大一块皮呢！这样能不疼吗？"妈妈急忙找来提前准备好的纱布，给肖磊包扎了一下，然后再穿上鞋子。

"我让你穿上袜子，你说不穿，这倒好。"妈妈心疼地念叨着。

原本他们还打算凭自己的力量上山，再凭自己的毅力下山呢。这下好了，肖磊的脚受了伤，他们只好乘坐索道下山了。

"妈妈，这样下山别有一番景致，也不错的。"肖磊找话安慰父母。

"是啊，也不错。"爸爸附和着。

不过，肖磊是有遗憾的。他本想下山时采集一些特殊的石块留做纪念的，结果，这个想法落空了。

启迪

肖磊的脚上磨去了一块皮，是被鞋子磨掉的，尤其是塑料凉鞋更容易出现这个问题。那么，登山时我们应该做好哪些准备工作呢？

1. 不适宜穿皮鞋，更不能穿高跟鞋和凉鞋。穿着这些鞋子不宜走远路，也不宜走高低不平的路以及湿滑的路。真正适宜登山的鞋是运动鞋、旅游鞋和胶底鞋。

2. 一定要穿厚袜子，这样脚底才不会起水泡。

3. 山高风大，气温变化剧烈，登山时应该带足衣服。夏天应该带好雨衣等，风大时雨伞不一定能撑得住。

4. 带一些外伤药，如创可贴、纱布、碘酒等。如果山上有蛇，还应该带上蛇药。

5. 为防止登山太累，可以准备登山手杖等。

大柯的冻伤治好了

大柯小时候家里条件差，那时候的冬天似乎也比现在冷，时常下雪。下雪后，他便和几个玩伴一起打雪仗、堆雪人，不知不觉就把手给冻伤了。冬天还要踏雪到几千米外的学校去上学，由于没有像样的棉鞋，大柯的双脚也被冻伤了。

到了春天，天气一暖和，手、脚被冻伤的地方又疼又痒，擦了冻疮膏也不管用。为了治冻伤大柯曾多次找大夫，也没找到什么好方法。有一次，大柯听老人讲用热水泡脚也许能缓解一下，于是大柯把一大壶热水倒在盆子里，把脚泡在里面，直泡得满头大汗，泡后觉得浑身非常轻松。此后，大柯每天吃过晚饭就用45℃的热水泡脚半个小时。过了一段时间后，脚不疼也不痒了，冻伤竟然好了。从此以后，大柯就养成了用热水泡脚的习惯。

大柯初中毕业后，因为家里的条件不好，就自己出去打工了。大柯的学历不高，也找不到很好的工作，后来在一个朋友的帮助下，大柯有了现在的工作——送快递。

工作已经差不多四年了，大柯感觉还是很不错的，因为送快递的时间一般都在下午，上午的时间大柯就去一家美发店当学徒。能在打工的同时学一份手艺，对于农村出来的孩子来说，这已是非常好的工作了。

可能是由于经常开三轮车到处送快递的原因，大柯的手有了冻疮。刚开始的时候大柯也没在意，可是后来冻伤的范围越来越大，痒痒起来让人越来越难以忍受。有人向他的老板反映，说是担心他有什么不好的皮肤病。

老板是个好心人，在了解了原因以后就送给大柯一盒治疗冻伤的膏药。经过一个阶段的使用，大柯终于把冻伤治好了。

在寒冷的冬天，手脚很容易冻伤，因此，我们掌握一些治疗冻伤的方法很有必要。

1. 把冻伤的部位浸入温水中，水温以 27℃～45℃左右为宜，4 至 5 秒钟把脚抽出来一次，如此反复进行，直到冻伤的部位恢复正常体温为止。

2. 如果冻伤的皮肤没有破，可以轻轻地按摩，以促进血液循环；如果伤口已经溃烂，就用热茶水清洗并涂上治疗冻伤的药膏。

3. 不要用冷水或温度过高的热水浸泡冻伤的地方，更不能用火烤。

4. 在治疗冻伤期间，要多补充维生素 E，以促进血液循环，加快伤口愈合。

游泳的危险也须防

赵刚和孙猛是一对好朋友，也是同学们眼中的游泳高手。夏季的一天，他们相约一起去村外池塘游泳。

村外池塘靠近海边，没有污染，池塘水面比较宽阔，是个游泳的好地方。

赵刚就是在这里跟爸爸学会游泳的，他和爸爸来过这里多次，所以这次把孙猛也约到这里来游泳。

早上 9 点多钟，两人就来到了池塘边。看四周没人，二人脱下衣服，活动了一下身体，便跳入了水中。这时候的水还比较凉，但他们也没在意，便在水中你追我赶起来。

一会儿赵刚追上了孙猛，一会儿孙猛又追上了赵刚。他们游来游去，好不惬意。清凉的池塘水掠过赵刚的身体，他感觉自己像一条鱼一样在水中游着。

赵刚游了一会儿，怎么听不到孙猛追赶的声音了呢？他回头一看，孙猛落到了后面；再一看，好像孙猛在水中挣扎着，不是在游泳。

赵刚来不及多想，急忙游回去，孙猛这时直向赵刚扑来。赵刚躲过孙猛，游到他身后，用手臂箍住孙猛的脖子，把孙猛带到了岸边。

赵刚扶着孙猛站起来，孙猛吐了几口水，然后缓了一口气，说："好险呢，我的腿抽筋了。我还从来没有碰到过这种情况呢！"

"遇到腿抽筋情况，关键是不要慌，慢慢就会好的。"赵刚说。

要不是赵刚水性好并及时赶到，孙猛还真会遇到危险呢！

启迪

游泳时稍微不慎，就会出现抽筋现象。但不论什么地方抽筋，都不要惊慌。

1. 当腿肚子抽筋时，不妨仰躺在水面上，一只手用力把抽筋的脚趾向身体方位拉；另一只手按在抽筋小腿侧的膝盖上用力向外推，帮助膝关节伸直，使小腿肌肉放松，以解除小腿抽筋的现象。一般是左小腿抽筋，用右手拉抽筋小腿的脚趾，左手推膝盖；右小腿抽筋，用左手拉抽筋小腿的脚趾，右手推膝盖。

2. 当手指发生抽筋时，应迅速握紧拳头，再用力将手张开。反复几次，直到症状消除。

3. 脚趾抽筋时，可连续用双手掰开再合拢脚趾，接着再往下按压、向上扳脚趾并推按脚背，直到症状消除。

4. 大腿抽筋时，立即把大腿向前弯曲，与身体成一直角，然后抱住小腿，用力靠近大腿并向前伸，直到症状消除。

花坛拔草出意外

小豆丁利用课外活动时间和几个同学一起给班级花坛拔草。花坛里种植的各种各样的花儿绽放出美丽的花朵，有红色的，有黄色的，有白色的等等。

在一棵马蹄莲花的周围，有一只蜜蜂在活动。小豆丁感到很好奇，便说："大家看，这里有一只小蜜蜂。"同学们一听说有小蜜蜂都很高兴，赶忙围过来看。小豆丁看了还不过瘾，就拿起一根小木棍拨动小蜜蜂。谁知小蜜蜂如临大敌，对着小豆丁的手就是一下子，小豆丁疼得"妈呀"一声，迅速把手缩了回来。再一看手，手背上刺着一个小勾子，便大哭起来。

身边的周自强说："小豆丁手别动，我帮你把蜜蜂的毒刺拔出来，一会儿就好了。"说着仔细地将毒刺拔了出来，并陪着小豆丁来到医务室，请校医给处理了伤口。

 启迪 ○●

少年朋友，一旦被蜂蜇了，应该怎么办呢？

1. 立即将断在伤口中的毒刺拔出来，并用绳子或布条扎紧蜇伤后红肿部位的上方，20分钟放松一次，两个小时后可以取掉。这样做的目的是防止蜂毒扩散。

2. 蜜蜂的毒液属于酸性，可以用酸碱中和的办法，在伤口处涂上碱性液体，如肥皂水、氨水等。

3. 马蜂毒液属于碱性，伤口处可以涂上食醋；将洋葱切片，用其摩擦蜇伤处，可起到解毒、消肿、止痛的作用；或将鲜茄子切开，用其擦敷患处。

4. 在野外还可以用桐树皮贴敷；将马齿苋、凤仙花全株或生姜捣碎涂敷患处。如果中毒严重，经过上述处理后应该尽快到附近医院治疗。

被蛇咬伤之后

甜甜家住在大山脚下，这里污染很少，吃的菜一般都是自家种的。

星期六上午，甜甜和奶奶到地里去拔菜。

一路上，很多甜甜叫不上名字的野花遍地开放。甜甜简直有点陶醉了，一会儿闻一下黄色花的气味，一会儿闻一下红色花的气味，不时对花儿的香味作出评价，如同一个评花师对花儿进行品评鉴赏。

来到自家的菜地，甜甜学着奶奶的架势拔起菜来。

突然，甜甜感到手被什么咬了一下，就对奶奶大喊起来："奶奶，我的手被什么咬了一下。哦，好疼呀！"

奶奶一听，急忙走过来查看：甜甜的右手手背被咬伤，有两个较深的牙痕——不好，孙女被蛇咬伤了！奶奶向前一看，只见一条蛇正向菜地深处逃去。奶奶顾不得追蛇，急忙取下甜甜头上戴的纱巾，使劲系在她右手的手腕处，然后拉着甜甜走到小溪边用水给她冲洗伤口。之后，奶奶又用手挤压甜甜手上的伤口，蛇的毒液慢慢地被挤了出来。

做完这些之后，奶奶急忙把甜甜背回家，并打120电话将甜甜送到医院治疗。

原来，甜甜的奶奶以前曾目睹过这种事情。甜甜的爷爷年轻时被蛇咬过，一位治疗蛇伤的老中医教过她怎样做，想不到今天竟派上了用场，救了自家的孙女。

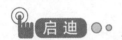 启迪

少年朋友，路过草地的时候，为了防止被蛇咬伤，可用木棍或竹竿打一打前边的草，这就叫"打草惊蛇"。蛇听到了声音，就会跑掉。

1. 当在野外看到蛇时，应马上停止脚步，然后慢慢撤到离蛇至少6米以外的地方。

2. 在穿过有蛇出没的地方时，应走小径，不要穿过草丛；为了防止被蛇咬伤脚踝和足部，应穿靴子加以保护，不能穿凉鞋。

3. 蛇的头部如果是三角形的，则是毒蛇；如果是椭圆形的，则是无毒蛇。

4. 通过蛇的咬痕来判断：毒蛇一定有一个或一对毒牙的牙痕，无毒蛇只有两排细小的牙痕。

5. 被毒蛇咬伤后，可采取如下方法自救：

（1）要以最快的速度利用身边的材料进行包扎，如鞋带、布条、绳子、头绳等，在靠近伤口的上方扎住。而后每隔20分钟左右放松一次，以防组织坏死。

（2）尽快排除蛇毒。从绑扎处使劲向伤口方向挤压，将蛇毒挤出来，边挤边用干净的水冲洗，以便洗掉伤口附近的蛇毒（用冷开水或高

锰酸钾溶液洗更好）。不要用酒精擦洗伤口，以免酒精刺激，加快毒性的发作。

（3）经过紧急处理后，尽快到医院治疗。

智勇双全斗劫匪

暑假的一天晚上，张兴鑫从辅导中心下课回家。他家住在老城区，这里都是小胡同，很是破败，每到晚上，路上连个人影都看不到。张兴鑫刚转过一条街，忽然听到后面有喘息的声音，回头一看，一个黑影窜了上来。张兴鑫感觉到一个硬邦邦的东西顶住了他的腰部："别动！不许叫，跟我走！"

张兴鑫被劫持到街边一间空闲的小房子里，接着，劫匪将明晃晃的匕首架在他的脖子上。

"你别伤害我，我只是一名学生！"12岁的张兴鑫壮着胆子说。

"交钱！"劫匪声音不大，却异常严厉。

"好的，我有。"张兴鑫赶忙说，"你能不能把刀移开，钱在我的书包里，我给你拿。"

劫匪把刀移开了，因为相信他跑不了。

张兴鑫把钱递给了劫匪。劫匪接过钱后，用手捏了捏，说："太少，你想打发小孩子嘛？"

两人僵持了几秒钟后，张兴鑫壮着胆子说："大哥，钱我已经给你了，那是我一个月的生活费啊！你让我走吧。"

"还不够我的行动费用呢。"劫匪说，"不能就这么便宜了你，你必须再交出钱来。"

这时，张兴鑫忽然想到晚上从辅导中心回家的时候，常常看到有警察巡逻，只有从这里走出去才能有被救的可能。

于是，机警的张兴鑫对劫匪说："后面的一条街上有个商店，不行我去借点给你？我领你去看看！"

劫匪想了想，说："不行，你想办法打电话让你的家人送来。"

"我没有电话，不行用你的手机？"张兴鑫试探着说。

劫匪给了张兴鑫一脚，气急败坏地说："这怎么能行！"

张兴鑫想了想，说："后面街上的西头有一个投币电话，就是远一点，我们不妨去试一试？"

劫匪想了想，也只好这样啦，就说："你如果要花招的话，小心我捅了你。"说完又在张兴鑫的屁股上踢了一脚。

张兴鑫在前面慢慢腾腾地走着，边走边寻找逃跑和报警的机会。大约走了100多米，他发现前面有两个人——会不会是夜间巡逻的警察呢？他看不清楚。这时劫匪也看到了那两个人。

劫匪搂着张兴鑫的肩膀，把他向一个小胡同里拉。

张兴鑫心想：就是现在了！现在不跑，更待何时！他大声呼喊："抢劫！有人抢劫啦！"

凑巧的是，那两人正是夜间巡逻的警察，听到喊声，便迅速向这里跑来。

劫匪一看不好，顾不得别的了，拔腿就跑。

张兴鑫在暗中迅速伸出一条腿，只听"扑通"一声，劫匪被绊倒在地。警察跑过来很快制服了劫匪。

启迪

少年朋友，不幸的事情往往会意外发生。抢劫是城市里街面案件中比较突出的一类刑事案件，因其发案突然，劫匪逃离迅速，严重地破坏了社会的治安秩序。面对劫匪，千万不要惊慌，要沉着镇静，想方设法报警或找机会逃跑。为了防止被抢劫，我们应该做到如下几点：

1. 晚间尽量避免单人出行，最好结伴而行，或由父母接送。

2. 尽量向人多的地方走，不要走太偏僻的地方，否则一旦出事，往往没人能知道。

3. 如果遇到劫匪，要尽力往人多的地方跑，边跑边喊，以引起外界的注意；此时劫匪也会害怕，不会向人多的地方去。记住：不能向人少、僻静的死胡同里跑，那样会更危险。

4. 进入偏僻地带前要观察四周是否有可疑人员，如果发现有可疑人员尾随，可以向反方向或人多的地方走，但要与其保持一定安全距离并同时做打手机状，让对方误以为你在和人通话，对方有可能会有所顾

忌；同时要始终保持警惕，做好拔腿就跑的准备。

5. 女生可以带个哨子，遇到情况，马上吹响哨子，也可能把劫匪吓跑。

6. 一旦被劫持，可以哄骗劫匪，尽量拖延时间，寻找报警或逃跑的机会。

7. 在逃跑无望又打不过对方的情况下，不要硬拼，更不要激怒对方，要先顺着对方，看看对方是什么意图。如果只是劫财，那就有多少钱给多少钱，毕竟钱没有了可以再挣，命只有一条。

8. 要记住劫匪的外貌特征等，一旦脱身，应马上报案。

风筝也会惹祸

春姑娘踏着轻柔的脚步，悄无声息地来到我们身边，光秃秃的树木，开始露出点点嫩芽，这是春姑娘带给大地的绿色希望。于是，猛然想起儿时的歌谣："又是一年三月三，风筝飞满天……"在这个季节，大地属于绿色，而天空理应属于风筝。

趁着双休日时间，放风筝去。谁说放风筝是孩子们的专利？广场上很多人都在放风筝，那些飘扬于空中的风筝五彩缤纷、千姿百态，有动物造型的燕子、老鹰、猫头鹰、蝴蝶、蜻蜓；有卡通造型的花仙子、黑猫警长；还有造型酷似坦克、飞机的……

盖松是个放风筝的爱好者。他的风筝是一个"大蝴蝶"。他把风筝在地上整理好，把线轴交给好朋友于一辉，自己则高高举起风筝，逆风奔跑起来。跑着跑着，盖松急忙松开手，"哗"的一声，"大蝴蝶"就飞上了天空。

"快放线，快放线！"盖松又喊又比画，接过于一辉手中的线轴，一边跑，一边放线。他们的"大蝴蝶"越飞越高了。

就在这时候，风忽然变小，风筝开始急速下落。只听"砰"的一声，盖松猛然跌倒在草坪上，衣服也被烧了一部分。

原来，盖松的风筝下落时正好落到了高压线上，导致了电击现象。于一辉急忙拨打120急救电话，救护车很快赶来了，把盖松送到医院进行救治。

放风筝是大家喜闻乐见的娱乐活动，对少年朋友来讲是难得的放松机会，也是接近大自然的好时机，但这项活动也有一定的危险。所以，放风筝时应该注意如下事项：

1. 金属线及其他导电材料不能用来制作风筝。

2. 要选择空旷、路面平整的地方。放风筝时由于注意力集中在上空，容易出现摔倒或被绊倒的情况。因此，放风筝一定要观察地面的状况，尽量选择平坦、无障碍的场地，以确保安全。

3. 选择没有高压线和高大树木等障碍物的地方。

4. 选择人少、风筝少的地方。

5. 扯紧的风筝线比刀片还锋利，可以轻易切割香蕉，所以放风筝要远离人多的地方。

6. 要留意天气的变化，不要在雷雨天放风筝，以防遭到雷击。

7. 风筝线断了之后，要将断线收回，以免发生意外。

擦玻璃窗要注意安全

驼峰学校是市级文明单位，学校的卫生工作做得非常好。

这天下午第三节课是打扫卫生的时间，王一歌的任务是擦窗户。她打了一盆清水，拿了一块抹布和几张旧报纸，又搬来了一个凳子，很用心地擦起窗户来。

玻璃越擦越亮，阳光照在玻璃上，看上去特别耀眼。

"王一歌，你擦得很干净。"卫生委员过来检查说。卫生委员抬头一看，发现窗户上头有个地方没有擦，于是问道："是不是你够不着上面那

块玻璃?"

"是啊。"王一歌回答说。

"那我来擦吧。"卫生委员说着,就要搬凳子。她想先把两条凳子摞起来,人再站上去擦,那样高度就够了。

"哎,不用了。"王一歌手里拿着报纸,"还是我来擦吧。"说着她站到窗台上去了。

这窗户挺高,她的胳臂只能擦到窗户高处外侧玻璃的一多半,怎么办?于是,她将半个身子探出窗外,使劲地擦着。为了擦掉外侧玻璃上方的几个泥点,王一歌翘起了脚尖,用力地擦着。忽然,她脚下一滑,一不小心竟栽了下去……

所幸教室在一楼,王一歌掉下去的地方又是泥地,所以她只是软组织受了一点伤。

请同学们千万要注意,擦玻璃也是有危险的。

启　迪

擦玻璃是我们经常进行的劳动,但擦时一定要注意安全,避免发生意外。那么,擦玻璃时我们应该注意什么呢?

1. 身体不能探出窗外。

如果你的教室楼层较高,一定不要站在窗台上擦玻璃,更不能把身体探出窗外。如果发现有的同学站在窗台上擦玻璃,或把身体伸出窗外,一定要立即制止。

2. 必要时可请同学帮忙。

如果你因为身高不够,不能擦到高处的玻璃,最好请同学来帮忙。当你站在凳子上擦玻璃的时候,可以请同学帮你扶住凳子或递抹布。

3. 采取安全措施。

比如系上安全带或用特殊的清洁工具。站在高处擦玻璃时,脚下踩的物体一定要牢固,并有人看护。另外还要注意防止玻璃把手划伤。

遇到了醉酒的人

车一鸣上小学六年级。因为学校离家比较近，所以中午放学他都回家吃饭。这天中午，车一鸣吃完午饭去上学，半路上遇到了一个醉汉。只见这个人比比划划地，还大声说着什么。

走近了，车一鸣终于听清楚了。"我颠颠又倒倒——好比——浪——涛……哎哟，什么东西在绊我？是不是你下的绊儿？"没走几步，醉汉"扑通"一声摔倒了。

这时，车一鸣正好路过醉汉身边，醉汉伸手抓住了车一鸣的衣服，说："你——你为什么——绊倒我——哎哟！"

车一鸣吓了一跳，急忙说："叔叔，是你自己摔倒的，不是我绊倒了你。"

"哎呀！年轻的朋友，不要说谎。"醉汉说，"做人要诚实——不是你，是谁？"

"叔叔，我真的没有碰你。"车一鸣带着哭腔说。他从来没有遇到过这种情况。

"哎哟，我的腿好痛呀，赶快把我送到医院里检查一下吧。"醉汉又说，手始终抓着车一鸣的衣服不放。

醉汉这么一嚷嚷，围观的人越来越多了，他们七嘴八舌地议论起来。有的说："这个喝多了的人是在胡说，不可信。"还有的人说："也可能是这个学生说谎，要不的话，醉汉怎么会抓着他的衣服不放呢？"

车一鸣听到有人质疑自己，急忙分辩说："各位叔叔、阿姨，我是驼峰育才学校六年级的学生。老师教育我们不要讲假话，我从来都不讲假话。我正向东走，假如是我撞了这位叔叔的话，他应该头向东才对，但现在他的头向西。再说，我是步行的，怎么会撞倒他呢？"

"是啊，是这么个理。"众人议论纷纷。

"真的是他自己摔倒的，与我一点儿关系都没有，大家给评评，对

不对呀？"

"是呀，他是在诬赖人。"有人附和说。

"大家闻一闻他的身上，那么大的酒味。"车一鸣有理有据地说，"他是喝醉酒了，还诬陷好人。"

"是啊，他是喝多了。"多数人同意这个看法。

就这样，众人作证才让无辜的车一鸣去上学了。

遇到喝醉酒的人，我们应注意以下几点：

1. 及时避开，不要走近。遇到醉酒的人，我们能躲多远就躲多远，尽量不要近距离接触，以免发生危险。如果没有来得及躲，就尽量不要招惹对方。

2. 如果醉酒的人出言不逊，或对你进行人身攻击，要想办法摆脱，因为醉酒的人一般行动不便。

3. 及时求救。如果实在摆脱不了醉酒的人的纠缠，要及时向周围的大人求救或报警。

运动场上险象环生

驼峰学校召开春季田径运动会，同学们都很高兴，积极报名参加。运动场上，各项比赛如火如荼地进行着，运动员们争分夺秒，竞争十分激烈。

同学们最关注的还是 800 米赛跑这块"金牌"。

紧张而又激烈的 800 米赛跑就要开始了。参赛的运动员们都全神贯注地在起跑线上做准备。只听"啪"的一声枪响，运动员们飞快地跃出了起跑线。

13 班的周一强同学跑在第一位。不幸的是跑到一圈半的时候，他的脚"扭"了一下，眨眼的工夫就被远远地甩到了后面。"唉！"13 班的同学们都急得直跺脚——坏了，周一强今天肯定输了。然而，周一强并没有泄气，他仍然坚持向前跑，而且速度还越来越快。13班的同学不约而同地大声喊道："周一强加油！周一强加油……"随着一阵阵的加油声，周一强赶上了一个又一个参赛队员，继而跑到了第四位、第三位、第二位、第一位！

就在这时，第三名的辛刚脸色苍白，突然倒地。只见他大汗淋漓，嘴唇青紫。校医很快赶来急救。经抢救，辛刚苏醒了，原来他患有轻微的心脏病，而且比赛前，他没有吃早饭。

温暖的阳光洒在赛场上，女子组的标枪比赛拉开了帷幕，不少人围在赛场周围观看。一道道优美的弧线轻盈地划过天空，健儿们用手中的标枪向学校该项比赛的纪录发起一轮又一轮的挑战。

最后一名女队员开始投了。她的标枪刚投出，恰巧有一名女同学从赛场中间穿过。"啊！不好！"赛场上的人都惊呆了，那位女同学也发现了飞来的标枪。她一看不好，急忙弯下腰，标枪擦身而过，避免了一场可怕的事故。

启 迪

作为全校性的大型室外活动，体育运动会颇受学生们的欢迎。但是，运动会上竞赛项目多，运动强度大，大家活动分散，存在着许多安全隐患问题。所以，少年朋友参加运动会时，一定要自觉遵守纪律，并做到以下几点：

1. 有病的同学，特别是有心脏病、结核病、血液病的患者，不能参加任何比赛项目。

2. 不要空腹参加比赛，但也不要吃得太饱或喝太多的水。

3. 要严格遵守赛场纪律，按老师的要求、号令做事，不能擅自行动。没有比赛项目的同学不要在赛场上穿行、玩耍；运动员比赛时千万不要横穿赛道。

4. 剧烈运动后，不要马上喝大量的水，也不要当时就吃冷饮；不要立即用冷水冲洗；不能马上坐下或蹲下。

浴室里也有危险

星期天上午，小芳打了一阵篮球，出了一身的臭汗。回家后，她脱掉衣服就连声喊着："洗澡喽！"妈妈听她这么一嚷，知道她有乱放脏衣服的坏习惯，急忙把她的脏衣服扔进了洗衣机。

小芳来到浴室，把水温调到最热，正要打开水龙头。妈妈赶紧跑过来提醒："你这样很容易烫伤的，我来教你调水温。"妈妈先把水温调低，一边慢慢地加大水量，一边慢慢地提高水温。浴盆里终于放好了水，小芳跳进澡盆里搓来搓去，把肥皂泡弄得全身都是。

泡在温暖的水里，小芳不禁犯起困来。过了一会儿，她慢慢地睡着了，身体禁不住地往下滑……"咳、咳"，水淹住了她的鼻子，她忍不住咳嗽起来。妈妈听到咳嗽声，赶紧跑过来。拉开浴室门，一股闷热的湿气迎面扑来。妈妈立刻把小芳抱到沙发上，用毛巾把她裹得严严实实的，说："你快昏迷了。""不就是洗个澡嘛，还会昏迷？"小芳不解地问。妈妈说："浴室里的湿度很大，人吸入大量水蒸气后，会不知不觉进入缺氧状态，导致头晕甚至昏迷。"

"啊！"小芳不由得感叹：原来浴室里也有危险啊！

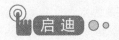 启迪

洗澡时存在一定的安全隐患，大家应该注意以下几点：

1. 浴室地面很滑，进入浴室后，一定要注意别滑倒了；不要在浴室里蹦跳、玩耍，以免摔伤。

2. 在浴室里洗澡时，不要玩潜水、憋气等游戏，以免呛水，发生危险。

3. 如果家里使用的是电热水器，洗澡之前一定要关闭电源，以防漏电。切记：手上沾水时，千万不能接触电器。

4. 放洗澡水时，一定要先放冷水，再慢慢地放热水，以免被烫伤。

5. 洗澡时要注意通风，否则容易出现头晕现象。

6. 洗浴后要注意保暖，以防感冒。

骑自行车发生的意外

双休日，张一峰和兆青松在学校的操场上练骑自行车。兆青松骑得可好了，"嘿！你看！"他单手握把，喊张一峰欣赏他的车技。随后，他又双手撒把，还转弯呢。他脸上全是得意的笑容。

张一峰不搭理兆青松，绕着操场慢慢地骑。兆青松骑得急，张一峰骑得慢。一快一慢，都在享受骑自行车的乐趣。不知不觉间，他们已经在操场上骑了一下午了。

傍晚的时候，张一峰说："天不早了，我们回家吧。"

从操场到家里的路要走大马路。张一峰很担心路上车来人往，他们的技术还不熟练，实在有点危险，便说："过大马路上那么多人，不会有危险吧？"

"呀——旋风骑士出发啰！"兆青松可不管那么多，他一马当先，骑得好快喔！他想：我的车技这样好，有什么好怕的呢！

张一峰见兆青松先跑了，也不甘示弱，就没再多想，骑上车子就追上去了。

前面有一个急转弯，兆青松稍微刹了刹车，减缓了速度，但由于还是过快，一下子就摔倒了。张一峰骑过去一看，只见兆青松躺在地上，一副痛苦的样子。他连忙问道："兆青松，你受伤了？"兆青松皱着眉头说："转弯太急，刹不住车，一下撞在路边的大石头上。只差一点就撞到头上了。"

"哦，真是好险！骑车不能太快。"张一峰补充道，"我们真应该接受教训啊！"

自行车是一种非常实用而且操作简单的交通工具，但如果操作不当或粗心大意，也会酿成严重后果。为了保证自身安全，少年朋友骑自行车时，一定要有自我保护意识。

一、平日里骑自行车要做到如下几点：

1. 要经常检修自行车，保持车况完好。车闸和车铃是否灵敏、正常，尤其重要。

2. 自行车的车型大小要合适，不要骑儿童玩具车上街，也不要骑大型自行车。

3. 不要在马路上学骑自行车；未满 12 岁的儿童不要骑自行车上街。

4. 要在非机动车道上靠右边行驶，不逆行；转弯时不抢行、不猛拐，要提前减慢速度，看清四周情况，以明确的手势示意后再转弯。

5. 经过交叉路口时要减速慢行，注意来往的行人、车辆；绝对不要闯红灯。

6. 不要双手撒把，不多人并骑，不互相攀扶，不互相追逐、打闹。

7. 不攀扶机动车辆，不载过重的东西，不骑车带人，不戴耳机听音乐。

8. 学习、掌握基本的交通规则，按要求行驶。

二、骑自行车一旦遇到危险应该注意如下事项：

1. 撞到头部或是有骨折的情形发生，不要勉强移动，要请附近的大人帮忙，赶快打 120 请求援助，以尽快送往医院接受诊疗。

2. 有时候脑部伤害事后才会发现，最好将当时受伤的情形告诉父母或医生，方便做日后的追踪治疗。

独自走夜路危险

邵文炳是小学四年级的学生。一天晚上，他和妈妈一起去散步。路上妈妈见到了她的好朋友，因为很久不见了，就聊起了家常。邵文炳就自己回家了。

那个夜晚极其安静，寒风刮得树叶沙沙作响，更给这个夜晚增添了几丝恐怖气氛。邵文炳进退两难，开始后悔不该吹嘘说自己可以一个人回家。他硬着头皮，一步一步地向前挪动，生怕发出响声来。

离家已经不远了，邵文炳此刻有种胜利将近的喜悦感。他回头看了一下身后，刚刚放松的心情一下子又紧张了起来，因为他发现身后有几个人尾随着自己。

邵文炳加快了脚步，向前急跑了一阵，几个黑影也跟着加快了速度。邵文炳忍不住又回头看了一下，这下他真的快要崩溃了——那几个黑影更近了，真的在跟踪自己。好在邵文炳快要到家了。他看见隔壁的阿姨在门口纳凉，急忙跑了过去，大声喊道："阿姨阿姨！后面有人在跟踪我。"阿姨快速走到邵文炳身边，问人在哪儿。邵文炳用手指了指身后，阿姨顺着邵文炳的手看过去，几个黑影一闪不见了。

"哦，是坏人跟踪了你。"阿姨说，"今后走夜路要有个伴，最好不走夜路。"

这是邵文炳最难忘的一次惊心动魄的经历。

启迪

少年朋友，为了安全起见，尽量不要自己走夜路。不得不独自走夜路时，要注意以下几点：

1. 尽量选择路灯明亮、行人来往相对密集的大街走，不要为了省时间而抄小道。

2. 在人行道中间走，不要靠墙走，以防坏人隐藏在黑暗的角落里。

3. 时常回头看一看有没有可疑的人跟踪自己。如果发现有可疑的人跟踪自己，就往人多、热闹的地方走，比如商场、超市、餐厅等地方；还可以向民警求救，也可以打电话给家长。

4. 遇到坏人时不要慌张，因为一旦坏人觉察到你胆怯，他就会快速下手。要尽量拖延时间，并找机会向路人发出求救信号。

5. 选择安全的路线出行，不要在外面待到天黑，如果补课，最好由家长接送。

篮球场上

打篮球，是青少年朋友比较喜欢的运动项目，不少男同学都喜欢。

这一节课是体育课，体育教师梁老师找到体育委员李新说："这节课我们初一三班和四班进行篮球比赛，主要是为校篮球队选拔队员。"

李新带队到学校操场，带领大家做了预备活动。随后，梁老师开始上课，让三班和四班各挑选 5 个同学参加比赛。

比赛紧张地进行着。三班的张益辉一人就得了 20 多分且劲头越来越足，运球、传球、接球、起跳、投篮，做得有模有样，博得了同学们的阵阵掌声。在篮筐底下，张益辉抢到了球，来了一个跳投，把球投了出去。就在落地时，张益辉的右脚正好踩到对方一名队员的脚上，他身子一歪摔倒在地。队友急忙把张益辉扶起来，一位队员帮他按摩了几下，张益辉又冲上了赛场。但打了一阵后，张益辉的脚踝越来越疼，只好下场了。

作为候补队员的黄明锐上了场，他猛冲猛打，使本队连连得分。这样，对方知道黄明锐厉害，对他的防守更加严密了。

比赛进行得十分激烈，大家都积极拼抢。黄明锐采用迂回战术寻找投篮的机会，刚要投篮，对方队员辛强急忙过来防守。不巧得很，两个人正好撞在了一起，结果双双摔倒在地。经过医生检查，辛强左臂骨折，而黄明锐的脸部也碰出了一个大包。

很多同学喜欢打篮球，不过，这项运动也存在一定的安全隐患。我们应该注意如下几点：

1. 平时要加强手臂和肩部的肌肉锻炼。

2. 打篮球时适当做好防护工作，如穿高腰的篮球鞋、佩戴护腕、护膝以及护齿等。

3. 合理安排运动量，每次运动控制在 1 小时左右。

4. 运动中一旦扭伤、摔伤、碰伤、拉伤，应该立即停止活动。如果崴了脚，第一时间用冷水冲 20～30 分钟，再去医务室治疗。可用冰块、冷水或湿毛巾敷伤处。

"小款"被"霸王生"盯上之后

田一力的爸爸妈妈是开快餐店的，生意红火，所以家庭经济条件不错。由于爸妈工作太忙，没有多少时间照顾田一力，所以每天给他不少零花钱，让他中午在学校吃饭。这就让田一力养成了出手大方的习惯。因为手里有钱，田一力还经常带同学去娱乐场所玩。渐渐地知道的人多了，不少同学认为田一力是个"小款"。

这天下午，轮到田一力值日打扫卫生。打扫完之后，他锁上教室的门向外走去。在下楼的时候听到后面有人跟了上来，他正想回头看时，感到有人卡住了他的脖子。那人一直把他拉到厕所里才松开手，说："喂，哥们，听说你是个款儿。"田一力抬头一看，才知道他是学校里有名的"霸王生"徐建虎，便问道："你把我拉到厕所里要干吗？"

"哥儿们，我手头紧，借我 100 元钱用！"徐建虎露出了凶相。

田一力有些害怕了，小声道："我没有钱。"

"没有钱？没有钱就回家给我拿去！明天不把钱拿来，就叫你尝尝我的厉害！"说完，他凶狠地打了田一力一耳光，并威胁道："记住，不

准告诉家长和老师，否则，我就废了你。"

田一力回到家里，什么也不敢说。第二天，他偷偷地把100元钱交给了徐建虎。

从此以后，田一力生活如噩梦一般。徐建虎经常向田一力要钱，田一力就经常回家偷钱给徐建虎。如果没有偷出钱来，徐建虎就会对他拳打脚踢。

这一天，徐建虎要田一力交出200元钱。田一力再无法忍受了，回家后，把这件事情的来龙去脉都给爸爸讲了。爸爸说："这种人色厉内荏，对付这种人，最好的办法是你不要怕他，你越软弱他就越欺负你。如果不行的话，我再出面帮你解决。"田一力听后，认真地点了点头。

第二天，徐建虎再来找田一力要钱的时候，田一力鼓足了勇气大声说："我又不欠你的，凭什么给你钱？如果你再这么霸道的话，我们就一起去找老师评评理！"由于田一力的声音很大，周围的同学听到后都围了过来。弄清楚事情的来龙去脉，周围所有的同学都支持田一力，纷纷斥责徐建虎。

徐建虎一看情况不妙，便咋呼着说："好小子，你腰杆硬了！好吧，咱走着瞧！"说完，转身灰溜溜地走了。

田一力的爸爸也来到了学校，找到校长，向校长反映了情况。校长打电话将徐建虎的家长叫到学校，让家长对徐建虎进行批评教育，使徐建虎认识到这个问题的严重性。经过学校以及家长的耐心教育，徐建虎反省了自己的错误。

田一力的生活又重新阳光起来。

启迪

面对徐建虎这样的"霸王生"，不能忍气吞声，不要妥协让步。如果那样的话，对方就会更加放肆甚至得寸进尺。对这样的人不妨采取如下态度：

1. 避免发生冲突。在学校里被"霸王生"勒索时，要保持冷静，尽量说一些好听的话，告诉他自己没有钱，避免跟他发生直接冲突。

2. 拖延时间。如果他继续纠缠，你就尽量地拖延时间，看到有人从身边走过时，马上大声呼救。

3. 开动脑筋。被"霸王生"勒索时，不要硬碰硬。你可以跟他说，需要向同学借钱或者回家拿钱，然后趁机跑掉。

4. 及时反映情况。如果所有的方法都没有用，为了自身安全，你不妨把钱交给"霸王生"，但一定要记住对方的特征，事后立即告诉家长和老师。这样问题会及早得到解决，拖的时间越长，你受害会越深。

5. 平日里要善于团结同学，不要过分讲究吃穿，也不要炫耀家庭富有，以免被一些居心叵测的人盯上，引来不必要的麻烦。

不能乘黑车

星期六上午，孙一鸣要去上声乐辅导课。因路程比较远，以前都是爸爸开车送的，可这次爸爸出差了，怎么办呢？偏偏这时，天又下起了小雨。

孙一鸣的妈妈想了想，决定乘公交车去。

于是，母子俩打伞来到了公交车站等车。因为下雨，乘车的人特别多，每辆公交车上都挤满了人。20 分钟过去了，他们还没有坐上公交车。唉，下雨天出行真郁闷！

这时一辆私家车停在这对母子面前，司机问："你们去哪里，捎你们一程吧？"

妈妈看了看，车上有 3 个人，都是身强力壮的小伙子，身上还刺着字。于是她立即摆了摆手——她可不敢坐他们的车。

母子俩又等了一会儿。终于他们等的公交车来了，但是公交车上人挤得满满的。到站后，司机只开了后门让人下车，却没有开让乘客上车的前门。见没人下车，公交车又开走了。

又过了 10 分钟，有一辆小车在他们母子面前停了下来，司机轻声问："去哪儿？"

"到驼峰大街，多少钱？"孙一鸣妈妈问。

"两人 10 元。"司机回答。

孙一鸣妈妈对儿子说："儿子，我们上吧，要不就太晚了，你的老师会有意见的。"

"好的。"孙一鸣也同意了。

于是母子俩上了车。妈妈看看儿子，儿子似乎没有感觉到什么，但妈妈心里有点别扭，一路上总觉得不踏实。司机看出来孙一鸣妈妈有些不安，便开始和她聊天，知道他们赶时间，还抄了近道。到了目的地，孙一鸣妈妈付了钱，谢过司机，赶紧带孙一鸣去上课。

待司机走远了，妈妈说："儿子，今天这么做很是不妥，以后绝对不能再坐黑车了。"

"是啊，妈妈，我也感到别扭。"孙一鸣也有同感。

刚向前走了几步，他们发现有一帮人围在那里，不知发生了什么事。上前一问，才知道原来有一位赵先生也搭乘了黑车，刚要下车时，黑车司机突然持刀抢走了赵先生的 1 000 元现金及一部手机，然后开车逃跑了。赵先生只好拦住路人，请人家用手机报警！

启迪

"黑车"是指那些无正常营运手续，"未经所在地道路运输管理部门许可，擅自从事道路旅客运输的车辆"。这些车的司机没有营业执照，顺路捎客赚点钱。

近年来，黑车司机敲诈、勒索乘客的事件频发，有的甚至谋财害命，严重影响了乘客的出行安全。

对此，我们应该注意以下几点：

1. 不要搭乘黑车。

2. 如果搭乘了这种车，上车前要把司机的车牌号码记下来，发给朋友或者亲戚。

3. 如果搭乘了黑车，应选择坐在后排座位，远离危险源。一定要时刻小心谨慎，不向黑车司机透露太多的个人信息，更不能在车上睡觉。在行驶过程中，一旦发现行车路线突然改变或者感觉不对，应该立即提出异议，但是不要激怒黑车司机，应该机智地逃离，比如对司机说"我想买点东西，你在旁边停一下"等，争取迅速逃离。

正确处置煤气泄漏

一天下午3点左右，马凯丽的妈妈出差回到家，感到口渴了，一看饮水机里没有水，便拧开煤气用水壶烧水。这时她觉得胃有点疼，就到二楼去取药。看到水没有开，她想先到床上躺一躺，等水烧好了再吃药。由于旅途劳累，躺到床上就迷迷糊糊地睡着了。不多一会儿，水烧开了，因水壶盛水太满，翻滚的水花溢出壶外，火被浇灭了而煤气还在"嘶嘶"地冒着……

马凯丽下午放学回家，用钥匙打开门，就感到气味不对——怎么家里全是煤气味呢？

马凯丽走到厨房，听到还有煤气冒出的"嘶嘶"声，急忙弯腰关上了煤气。她感到喘不过气来，急忙拿毛巾捂住鼻子，并将厨房、客厅的窗户都打开了。

这时候，马凯丽才想起家里应该有人，要不煤气怎么会泄露呢？

马凯丽急急忙忙跑上二楼，来到卧室，发现妈妈昏迷在床上。她呼喊着妈妈，没有回音，背妈妈又背不动。

她想打急救电话，但又想到屋里有煤气，不能打电话，以免产生火花引起大火。于是她急急忙忙跑到屋外，拨打120电话，请求医生来救妈妈。

10分钟之后，120救护车赶了过来，把马凯丽的妈妈接走了。

经过抢救，马凯丽的妈妈终于脱险了。医生告诉她："这次事故，你女儿处理得很好，避免了火灾的发生。"

马凯丽的妈妈感叹：孩子长大了！如果没有女儿，自己很可能就没有命了。

同时，她也明白了：使用煤气时人不能离开，否则一旦忘了，后果不堪设想。

一旦发现煤气泄漏或有人煤气中毒，应该怎么办呢？

1. 立即关掉煤气阀门，用湿毛巾捂住口、鼻，将门窗打开通风，然后跑到空气新鲜的地方。如家中有人中毒，要求助邻居将中毒者转移到通风透气的地方并拨打120电话请求急救。

2. 绝对禁止一切可能引起火花的行为。一旦发现煤气泄漏，不能开灯，不能打开抽油烟机和排风扇，不能点火，也不能在室内拨打电话。

3. 当你看到钢瓶阀门处已经着火时，千万不要慌，应紧急关闭阀门而且速度要快。在关闭阀门的过程中，必须戴上湿过水的布手套，或用湿围裙、毛巾、抹布包住手臂，防止被火烧伤。

4. 不用煤气时，要关上总开关，经常检查煤气是否有泄漏的地方。

5. 用煤气做饭、炒菜时，一定要有人照看，切忌中途离开。

吃药切勿过量

14岁的肖花因头痛，吃了镇痛药，但是仍不见好转。上午，妈妈陪她到医院里看病。医生给开了一瓶100片的"盐酸阿米替林片"，叮嘱每次服用1/4片。

看完病回家后，妈妈嘱咐肖花吃完药睡一觉，就忙别的去了。

中午，妈妈要给肖花包她最爱吃的芹菜猪肉馅水饺。妈妈忙着剁菜、包水饺，经过一阵忙活，水饺终于煮熟了。妈妈到肖花房间叫她吃饭，没有听到应答，进门一看，只见女儿躺在床上口吐白沫。母亲吓坏了，急忙拨打了120。救护车很快赶来，将肖花送进了医院。在医院里经过输液和两次洗胃，肖花终于脱险了。

原来，肖花误服了一瓶药的1/4，也就是吃了25片"盐酸阿米替林片"，导致药物服用过多，引起了药物中毒。

启 迪

如果家里有小孩，一定要将药物放在有锁的柜子里，并随身携带钥匙。大一些的孩子要告诉他不要随便乱吃药，服药不能过量，否则会对身体造成伤害。

1. 一旦错服了药物，必须尽快拨打120急救电话，并做初步急救处理，如用筷子、汤匙柄或手指刺激咽喉部催吐。将病人送往医院时要带上错服药的药瓶和患者的呕吐物、污染物等，供医生诊断参考。

2. 如误服了强酸、强碱、石碳酸等对胃肠有腐蚀作用的药物，要用米饭或生鸡蛋催吐，并马上送医院急救。

3. 如果误服了碘酒，应马上给患者喝面糊、米汤等淀粉类的流质食物，然后催吐。因淀粉与碘作用后，能生成蓝色碘化淀粉而使其失去毒性。反复多次，直到吐出物不显蓝色、无味、清亮为止，这表明胃中的碘已基本吐尽了。

实验课上留下的疤痕

黎燕明同学人长得很漂亮，人缘好，学习也好。熟悉她的同学都知道她有一个小怪癖，即不管夏天还是冬天，她脖子上都围着一条纱巾。她为什么要这样呢？原来，她脖子上有一条疤痕。

这条疤痕是在一节生物实验课上留下的。

那天，作为生物课代表的黎燕明，很早就来到实验室帮助老师准备器材。这节课上，同学们要通过实验了解绿色植物是怎样制造淀粉的，要使用烧杯、酒精灯、三脚架、培养皿等仪器。同学们听说后都格外高兴，都想一展身手。

黎燕明也特别卖力地用抹布擦起实验桌来。因脖子上的纱巾垂在胸前，所以她特意把纱巾擦到背后，把所有的实验桌子都擦得干干净净，等同学们前来做实验。

上课了，老师千叮咛万嘱咐，要求大家注意安全，遵守操作规程。同学们眼瞧着绿叶在无色的酒精中经过隔水加热由绿色变成黄白色，而酒精却由无色变成晶莹剔透的绿宝石色，不由感到太美了、太神奇了！一位男同学兴奋得忘记了老师的嘱咐，伸手去拿装有碧绿碧绿酒精的小烧杯，想看个仔细。没想到烧杯很烫，这位男同学本能地迅速把手缩了回来，结果不小心把酒精洒在实验桌上，溅在了酒精灯的火焰上。酒精燃烧了，桌面上的书本也被引燃了。同学们被这突如其来的火焰吓蒙了。

黎燕明看到实验桌着火了，立即跑过去扑救。一位同学也迅速端来一盆水，泼在桌子上。书本上的火灭了，但桌子上燃烧的酒精不但没有熄灭反而飞溅起来，溅到黎燕明的纱巾上。就这样，燃烧着的酒精又引燃了黎燕明脖子上的纱巾。纱巾很快熔化了，粘在了她的脖子上。这时，无论黎燕明怎么抓、怎么拽都无济于事。老师在一片惊叫声中冲过去，迅速抄起水盆中的那块大抹布，捂在黎燕明的脖子上。火熄灭了，老师火速把黎燕明送到医院治疗。

一个多月后，黎燕明的烧伤痊愈了，但脖子上却留下了一条疤痕。

少年朋友都做过实验吧？实验很有趣，但一定要遵守操作规程，否则很容易发生事故。那么，进行实验时该如何保护自己，避免受到伤害呢？

1. 要严格按照实验程序，遵守实验纪律。

2. 实验过程中要保持良好的秩序和平静的心态，不争不抢。

3. 注意自己的穿戴，不要戴围巾、纱巾，不要戴帽子和手套等。

4. 酒精着火时，不要用水浇，最好用细砂掩埋或用湿的衣服捂盖。

5. 衣服着火时，应该立即脱掉，或者卧倒打滚，将火压灭。

6. 使用酒精灯时，不要在酒精灯燃烧时加酒精；结束实验时用灯盖盖灭火焰，不能用嘴吹。

7. 实验课上不能大声喧哗，应该自觉维持好纪律。

放鞭炮的喜与忧

夏磊最喜欢过年了，因为过年不仅能收到长辈给的压岁钱，还能吃各种好吃的，玩许多好玩的，其中就包括放鞭炮。又快过年了，这天，夏磊将爸爸买的一挂鞭炮拆开，小心翼翼地将一枚枚穿着"红袄"的小鞭炮从"麻花辫"上解下来，用手绢仔细地包好。然后，点燃一炷香，在妈妈的叮嘱声中，急不可耐地跑向门外。

夏磊来到一片空地上，用手捏出一枚鞭炮，用香火引燃，盯着捻子快烧到根部了，再猛地一下甩向空中。伴着"啪"的一声脆响，爆竹的纸屑从空中飘落下来……年的气息就这样无孔不入地钻入各家各户的门里，钻入孩子们的心中……

除夕这天晚上，夏磊踩着凳子，把鞭炮挂在门前的一棵小树上，全家人在一起围着看。夏磊用香火点燃捻子后马上离开，鞭炮发出"噼噼啪啪"的响声。鞭炮放完后，全家人欢天喜地回去吃年夜饭了。

大年初一的早晨，天还没有亮，夏磊举着手电筒照着亮，挨个从一家家人门前走过，弯腰、低头，不放过任何一个角落，从鞭炮堆里捡出一个个"漏网之鱼"。很快塑料袋就装满了……满载而归的夏磊，甭提多高兴了。捡回来的鞭炮各种各样，有花炮、小鞭炮，还有二踢脚、大中炮（大个的鞭炮）……

放这些没有捻子的鞭炮，要从鞭炮中间掰开，头对头地摆成一圈，用引燃的香头去点，鞭炮里的火药会刺出一束束火花来，非常有趣。有捻子的小鞭炮可以放到雪堆上、土窝里，用长长的香火去点，点燃后快速跑开。随着一声炸响，你能看见雪被高高扬起，也很有趣。

最后，只剩下一个大的鞭炮。夏磊把捻子拔断，露出黑色的火药，然后用香火去点。鞭炮突然一声爆响，夏磊的眼前一片漆黑，什么也看不见了。他"哇"的一声大哭起来。

爸爸听到夏磊的哭声，急忙跑过去，发现夏磊的脸上漆黑，赶紧拨

打了120电话。经过医生急救，夏磊的脸部没有什么大碍，但眼睛受到了伤害，视力由1.5下降到了1.0。

每逢喜庆的日子，人们就喜欢放鞭炮。为了保证安全，放鞭炮时应该注意以下事项：

1. 最好不要用手拿着放，因为有的鞭炮造得不合标准，可能会提前爆炸，造成危害。

2. 点燃后马上跑开，如果没响的话，要稍等一会，等到鞭炮确实不响了再过去重新点燃。

3. 小孩子最好不要放二踢脚。二踢脚威力特别大，不适合小孩子燃放。

4. 不要在人多、柴草多的地方燃放，以防发生事故或火灾。

5. 燃放喷花类、小礼花类、组合类等烟花时，要平放在地面上，避免燃放中出现倒筒现象。

6. 燃放吐珠类烟花时，最好能利用物件或机械将这类烟花固定在地面上。若确需手持燃放，应用食指、中指、拇指三指掐住花筒尾部，底部避免朝向掌心。点火后手臂伸直，火口朝天，尾部朝地，对着天空放射。

电热毯惹的祸

一天早晨8时许，一场大火打破了绿叶市一小区清晨的宁静。小区内一套位于5楼的两居室公寓被烧得面目全非，业主一家三口也险些丧命，而酿祸的只是一件小小的电热毯。

据屋主王辉介绍，火灾是电热毯一直没关电造成的。据了解，当时王辉的妻子肖静和3岁的女儿睡在主卧室内，王辉一人睡在另一间卧室里。

因为还没有供热，王辉就给妻子买了一条电热毯铺在床上。妻子每天睡觉前都要将电热毯先插上电源，开1～2小时，等电热毯热了之后，她们母女睡时就把电热毯拔下来，一点危险都没有。

这次是因妻子肖静白天工作太累，躺下就睡着了，忘记拔电源，电热毯开得时间久了引起了火灾。王辉首先闻到焦煳味，立即唤醒妻子，并用被子覆盖火焰，但没能扑灭，他又去厨房取水。此时，火势猛然变大，肖静母女被困在卧室内。

所幸，烟雾警报器被触发，物业工作人员及时赶到，立即兵分多路施行救援。消防队员接警后迅速赶到，立即投入灭火战斗。而后物业工作人员将肖静母女救了出来，并将一家三口送上120急救车，所幸都无大碍。

电热毯、取暖器是冬季取暖用的电器，若使用不当，极易成为引发住宅火灾的凶器。冬季天干物燥，少年朋友一定要注意家庭用火、用电的安全。

1. 选用质量过关的电器和插座，出现故障及时维修，切勿让电器带"病"工作。

2. 使用电热毯前要详细阅读使用说明，严格按照说明书操作。

3. 使用的电源电压和频率要与电热毯上标明的额定电压和频率一致。

4. 使用时将电热毯平铺在床上，不能折叠或弄皱，因为电热丝弯曲后会导致电热毯发热不均，严重的话会烧坏绝缘面，引发火灾。

5. 以下人员不适合单独使用电热毯：生活不能自理人员、婴幼儿、老人、孕妇、对热不敏感的人以及饮酒过度、疲劳过度、服用镇静药物的人。

6. 不要在电热毯上放置尖硬物品，更不能随便拉扯电热毯。

7. 入睡前，切断电热毯、取暖器等电器的电源。

8. 定期检查电热毯是否完好，如超过安全使用年限则不能再使用。市场上，有的商家提供免费检测、到年限后以旧换新等售后服务，市民选购时可以咨询。

可怕的触电

小时候，有一次爸爸妈妈领我去乡下的一个亲戚家。亲戚家房间里面的电灯泡坏了，我就去商店里买来一个螺口电灯泡，想自己试着换上。

那时，我的年龄还小，就站在古色古香的雕花床前的踏板上换电灯泡。坏掉的电灯泡是螺丝头的，我握住它旋转着，没有卸下来。我又加大了力度，结果我的手一阵刺痛，整个人就被弹了出去。我连忙站了起来，心想怎么回事？仔细一看，原来我把灯头旋转的螺丝部分给卸了下来，灯头边上的电线已经裸露了。我连忙去把装在厨房里的电闸给拉了下来，然后才把电灯泡重新换好。

后来，我听说有一个四五岁的小男孩，他的妈妈在看电视，他在家不玩这个就玩那个，一刻也不安静。他看见墙上有电源插座，觉得很好奇，就将剪刀头插了进去。只听"砰"的一声，电视停了，小男孩遭到重重的一击，坐在地上哇哇大哭起来。妈妈赶紧过来安慰他，对他说："儿子，以后不可以动插座了。插座里有电，是很危险的，能把人电死。"

再后来，表哥告诉我："电是一个看不见、摸不到的东西。据我所知，防电的措施有以下几种：一是不要用湿抹布擦插座；二是不要几个电器同时用一个插座；三是最好把插座都包上防电膜；四是不用湿手插电源。"

从那以后，我就开始注意安全用电了。同时，我也明白了——要把书本上学到的知识运用到实际生活中去，成为一个有知识的好学生。

一、安全用电常识

1. 不用湿手、湿布擦带电的灯头、开关和插座。

2. 要选用与电线负荷相适应的熔断丝，不要任意加粗熔断丝，严禁用铜丝、铁丝、铝丝代替熔断丝。

3. 家用电器如发生异常现象，应立即停止使用并请专业人员维修。

4. 禁止私拉、乱接电线，以防发生意外。

5. 发现电器设备冒烟或闻到异味时，要迅速切断电源进行检查。

二、应急处置触电事故常识

电流对人体的损伤主要是电热所致的灼伤和强烈的肌肉痉挛，这会影响到呼吸中枢及心脏，引起呼吸抑制或心跳骤停，严重电击伤可致残甚至危及生命。

1. 切记不能用手去拉触电者，否则自己也会触电。要切断电源、拉下电闸或拔掉电源插头，若无法及时切断电源时，可用干燥的竹竿、木棒等绝缘物挑开电线。

2. 将脱离电源的触电者迅速移至通风干燥处仰卧，将其上衣和裤带放松，观察触电者有无呼吸，摸一摸颈动脉有无搏动。

3. 施行急救。若触电者呼吸及心跳均停止时，应做人工呼吸和胸外按压，即实施心肺复苏法抢救，并及时打电话呼叫救护车。

4. 尽快送往医院，途中应继续施救。

"捡钱平分" 是诈骗

去年 7 月 28 日上午 10 时许，周女士步行在玉叶大街驼峰路上。一名男子急匆匆地从她身边走过，突然从他身上掉下一个钱包，他本人似乎并未察觉到。这时，路过的一高一矮两名女子从地上捡起钱包。矮个女子将钱包打开一看，说："里面有 1 000 元现金。"另一个高个女子便对周女士说："我们 3 个人同时捡到的，咱们一起将这钱分了吧！"周女士没有多想便答应了。

于是，矮个子女人说："我们到一个僻静的地方再分吧。"

"好的。"周女士和高个子女人附和道。

她们 3 人走到大楼的一个转弯处停了下来。

每人分得 300 元。因是矮个子女人捡起来的，周女士便说："这剩下的 100 元你拿着吧，毕竟钱包是你捡起来的。"

她们刚把钱分完，丢钱包的男子便找了过来，问她们见没见过他的钱包。那一高一矮两个女人矢口否认说："我们没有捡到钱包。"这时，那男子一口咬定是周女士捡了他的钱包。周女士大喊冤枉，最后只好全盘招出，说："我只分了 300 元钱，剩下的被这两位女士分了。"说完，便指了指身边的两位女子。

"这样吧，你们把钱还给我吧，我就不追究了。"男子大度地说。

一高一矮的两位女子连忙说："大哥，不好意思，我把分到的钱还给你吧。"说完，便从钱包里拿出钱来还给了那位男子。

面对这种情况，周女士只好说："我分了 300 元，也给你 300 元吧。"说完，拉开了钱包的拉链，拿出了刚分到的 3 张 100 元的钱。

不想，那位男子却说："我不要这 3 张，你另换一下吧。"

周女士想，换一换也无所谓，就另拿了 3 张 100 元的钱还给了那个男子。

事情就这样结束了。

当周女士走了一段路之后，越想越觉得不对劲——刚才那两女一男应该是一伙的，自己被骗了！再拿出自己手里的那分到的 300 元钱仔细一看——都是假的！

"哎呀！自己贪图便宜，竟被骗了！"周女士捶胸顿足、后悔莫及，但已经晚了。

她立刻拨打 110 电话报了警。

面对捡钱、分钱等类似的事情时，我们应该怎么办呢？

1. 碰到陌生人捡到的钱，切莫贪心，要知道世界上没有不劳而获的钱财。

2. 不参与并快速离开。

3. 遇到纠缠的人，马上报警。

陷入泥潭有办法

暑假期间，赵刚和辛强打算"走出去"玩一玩——他们想同大自然来个亲密接触，感受一下大自然的魅力。

身为组织者的赵刚紧锣密鼓地充实队伍。有些同学想去，但家长出于安全考虑不让去；有些同学压根儿不想吃苦，想在家上网，也不去。最后，只有8名同学答应和赵刚一起"走出去"。

他们的计划是这样的：首先穿越一片草原；然后翻越海拔两三千米的山峰。

他们准备好了干粮等便踏上了征途。刚到草原边，他们就被草原美丽的景色迷住了，走一会儿，玩一会儿，草原的景色太迷人了！赵刚看到离他不远处有一种不知名的植物，很是漂亮。对于热爱大自然、视动植物为珍宝的赵刚来说，怎能放过这个观赏的机会呢？他匆匆地向那边跑去。起初，他感到脚下的地面有点软，也没在意。又跑了没几步，突然，脚下一滑，双脚一下子陷了下去。原来，他跑到沼泽里了！很快，烂泥已经没过了他的脚踝，正慢慢向双膝进逼。

好个赵刚，面对突如其来的灾难毫不慌张。他一面大声呼救，一面立即将身体后倾，轻轻地躺倒在沼泽上，同时张开双臂，十指大张，贴在地面上。他临危不乱，大声告诫同伴不要走过来。他一面尽可能地伸展身体，一面观察周围的情况，同时慢慢地将双脚从烂泥中拔出来。这个过程用了很长时间，因为如果用力过大或过猛，极有可能造成更深的陷入。他就像在沼泽中仰泳，从陷进去的地方一点一点地往回"游"。要知道，这可是一件非常困难的事情。没"游"多远，他已经很累了。赵刚索性不做任何动作，放松身体，平躺在沼泽地上休息。这时，同伴们也开始行动起来。辛强身上带着绳子，趴在地上，一点点爬向赵刚，爬近后，把绳子扔给赵刚。在硬地上的同伴拉住绳子的另一头，使劲一拉，就把赵刚和辛强给拉回来了。

想不到，他们的征途还有不少险情呢！

一旦陷入泥潭，应该沉着应对。

1. 如果发现双脚下陷，千万不要惊慌，应该立即仰卧在地面上，同时张开双臂，这样可以增大身体接触地面的面积，控制住下陷的速度。在有背包或背部有重物的情况下，不要趴在地面上，以免泥水封住口鼻。

2. 在沼泽中所做的每一个动作都要小心，不要过快、过猛，慢慢地把陷在泥中的部位拔出来，并采取仰泳般的姿势向安全的地方"游"。不能着急，"游"短短的几米距离，可能要很长时间。

3. 同伴在无法保证安全的情况下绝对不要贸然走近救人，否则可能不但救不了人，反而搭上另一条性命。

4. 到陌生的地方去，最好随手带一根手杖，随时试一试地面的软硬程度，以免发生危险。

5. 在沙漠中，流沙也会造成同样的危险。如果遇到流沙，可采取在沼泽中同样的办法自救。

都是网络游戏害了他

暑假开始了，由于徐凯兵初一期末成绩考得特棒，妈妈特批他在这个暑假里可以自由上网。为此，他高兴得一夜都没有睡好觉。

在这之前，妈妈对徐凯兵管得比较严，必须在完成作业的情况下才能动电脑，而且每次不能超过半小时。

徐凯兵对妈妈软磨硬泡，最后竟以学习成绩作为交换条件，他对妈妈说："只要我考好了，暑假你让我尽情地玩电脑怎么样？"

"好，只要你考进班级前三名，我就让你暑假尽情玩电脑。"妈妈很爽快地答应了。

"一言为定！"徐凯兵高兴极了。就这样，他努力学习，期末考试成绩名列班级第二，为自己争取到了暑假尽情玩电脑的"福利"。

一开始，徐凯兵打算利用电脑好好地学习，尤其是攻一下作文，把自己的写作水平提高一下，将来投稿什么的，也帮助家里赚点钱。

多么好的打算与希望啊！徐凯兵每每想到这里就开心地笑了。

可是，在玩电脑时，徐凯兵无意间发现了一款很棒的网游。原本只想尝试一下，谁知就这样一步一步地走向了深渊。

暑假很快结束了，徐凯兵还不能从网络游戏中自拔。

"孩子，开学了，你已经上初二了，不能再玩电脑了，要把学习放在第一位。"妈妈劝告他说。

可是，徐凯兵哪里还听得进去，继续玩着他的游戏。

妈妈再也不能冷静了，把他的电脑给撤了，在家里不准他上网。

徐凯兵也改变了策略，他白天背着书包上学，晚上背着书包回家。妈妈以为孩子已经变好了，也没有再把他玩电脑的事情放到心上。

一天，徐凯兵的妈妈突然接到班主任的电话，说徐凯兵没有到校，是不是病了？

妈妈这才如梦方醒，她立刻想到——徐凯兵可能是上网去了！

妈妈一家一家网吧去找，果然，在学校附近的一家网吧里找到了徐凯兵，并把他拉了出来。在妈妈的数落下，徐凯兵表示痛改前非。妈妈相信了儿子。

过了几天，班主任又打来电话，说徐凯兵又没有到校。

妈妈还是在一家网吧里找到了儿子。这一次，妈妈感到自己无能为力了，便打电话让徐凯兵的爸爸回来教育儿子。

徐凯兵的爸爸在外地上班，业务忙，回家的次数比较少，往往来去匆匆。

这次爸爸回来后，不免对儿子进行一番苦口婆心的教育，也没有给徐凯兵零花钱。

徐凯兵流着眼泪说："爸爸，我不是不想改，我也不想玩电脑，但电脑似乎对我有太大的吸引力，使我不能自拔。我今后一定改。"

"关键在于你的决心，只要你有决心，就没有改不掉的坏习惯和错误。"爸爸一针见血地指出。见徐凯兵这样诚恳，爸爸便急急忙忙地赶回去了。

徐凯兵好了几天之后，一些爱玩游戏的同学又叫他一起去网吧。起

初，徐凯兵不去，但经不起同学们的诱惑，就又进了网吧。他手里没有钱，就向网吧的老板借。每天中午去玩一个小时，时间久了，借钱多了，老板就催他还钱，说不还就找老师或找家长去。

在老板的逼迫下，他决心铤而走险去抢劫。

一天，他看到一个体弱的妇女走过来，就把人撞倒去抢钱包。钱包里有200元钱，他拿到钱立刻逃跑了。这个妇女清醒后马上报了案，警察只用了一天的时间就侦破了此案，徐凯兵被请到了派出所。当爸爸和妈妈来看他时，他流着眼泪，悔恨地说："都是网络游戏害了我！"

少年朋友现在的自制力不强，一定不要沉迷于网络游戏。

1. 不要迷恋网络，比如长时间地聊天、玩游戏等。

2. 积极参加学校组织的集体活动，多和身边的同学交流，避免孤独，形成内向的性格。

3. 多和父母以及朋友交流，把自己高兴的事情讲给他们听，让他们分享你的喜悦；也可以把自己烦恼的事情告诉他们，让他们帮你排忧解难，免得摆脱不了烦恼，以至于迷恋网络。

4. 遇到任何困难都不能犯法，如抢劫、偷盗等。

林中迷路

暑假开始了，钱一波早就和父母商量好要去参加夏令营，到森林中去感受大自然，零距离接触和研究各种生物。明天就要启程了，钱一波兴奋得觉都睡不好了。

钱一波特别喜欢树木，见到树木有着一种特别亲切的感觉。但他一次也没有去过森林，总觉得很遗憾，所以他要利用暑假时间圆了这一梦想。

第二天，钱一波和他的伙伴们乘车向目的地出发，一路上欢声笑语。终于到达了夏令营的首站——驼峰山森林，钱一波看什么都感到新鲜，走到哪儿都觉得有趣。

突然，钱一波发现一只美丽的大蝴蝶，他想也没想，抄起捕虫网就追了过去。当他如愿以偿地抓到那只大蝴蝶时，发现前面还有一群更漂亮的蝴蝶在翩翩起舞，又毫不犹豫地追了上去。

当钱一波终于心满意足地准备归队时，突然发现自己到了一个完全陌生的地方。这时，他才想起来，辅导老师说过：有事要跟带队的老师请假，不能依着自己的性子来，免得出现意外。

但为时晚矣！现在，钱一波打量着周围的参天大树，他知道自己迷路了！周围看不见一个人，甚至连那条森林中的小路也不知去向了。钱一波害怕起来，他着急地大声喊叫着，但是没人应答。他急出了一身冷汗——这可怎么办？

这时，他想起老师说过的话：在森林中迷路时，千万不要惊慌，一定要冷静。想到这里，钱一波做了几次深呼吸，平静了一下心情，开始为如何走出困境思索起来。不久，他就根据以往的知识和老师介绍的经验，制定了一套方案：先是回忆起自己离开队伍时的方向；然后仔细观察附近的地形地貌，找到自己跑来时踩出的脚印；接着根据方向沿着脚印一步步慢慢地往回走，终于走回到了来时的那条小路。沿着路没走多久，就听到了老师和同学们的呼喊声，钱一波激动得快要哭了——终于回到老师和伙伴们的身边了！

启迪

发现迷路后，切勿惊慌失措。不要继续前行，要立即停下来，冷静地回忆走过的道路，尽快确定方向，尽可能沿着自己的足迹退回至出发点。

如果无法找到出发点，首先要考虑如何找到有人的地方。因为如果找不到人，就有可能被困在森林中。为了达到这一目的，可以采取以下方法：

1. 到高处去。尽快爬到最近的高大的山脊上观察，一来可以确定自己的位置，二来也便于发现人活动的迹象，如炊烟、房屋、电线、农田等。一旦发现这些迹象，要立即毫不犹豫地到这些地方去。在森林中，找到人也就找到了希望。

2. 如果没有发现人家，要想办法找到水流。一般来说，在林区，

道路、居民点常常临水而建。因此，沿着水流的方向走，既能最终走出山林，又有可能找到人家；即使一时找不到人家，找到水源也是生存所必需的。

3. 如果这一切都做不到，那么，确定出发地的方向后，沿着同方向的山脊走。一方面可以继续观察环境；另一方面，只要方向不错，总可以找到某个有人的地方。

4. 观察四周的小路和路旁的野草。刚走过的路，草会被踩倒，而且草倒的方向是向前的；没有人走过的路，草是直立的，草间会有许多蛛网。找到路，找到方向，就能归队。

5. 一旦迷失了方向，如没有指南针，还可用下列方法辨别方向：

（1）将有时针、分针的手表平放，时针指向太阳，时针与表盘数码12的夹角的角平分线指向正南（在北半球是正南，在南半球是正北）。注意，钟表的时间必须大致准确，误差最好不要超过一小时。

（2）如果看不到太阳，可以仔细观察苔藓的情况。在北半球，树干北面或石头北面的苔藓长势较南面的为好，在南半球则正好相反。

（3）我国绝大多数房屋、庙宇、宫殿、宝塔等古建筑一般是坐北朝南而建，而伊斯兰清真寺的门则一般朝向东方。

（4）在夜晚迷失方向时，如果不是特别紧急，一般不要轻易走动，应尽快找个地方休息，等天亮后再走。如果要找方向，则必须依赖星星来判断。比较简单的办法就是找到北斗七星，然后就可以找到北极星，那么，你面对着的方向就是正北方。

水田里的蚂蟥好厉害

放暑假了，辛振强跟着妈妈从济南到湖北农村的姥姥家去。辛振强曾跟着妈妈回过几次姥姥家，但都是寒假去的，住的时间也不长，对那里的情况了解得不够。这一次是暑假，住的时间长，他就抽出时间到姥姥家的田里转了转。

一天，姥爷换上了一双水鞋要到稻田里去拔草。辛振强看到后也要去，姥爷就叫他也穿上了一双水鞋。

到了稻田里，姥爷开始拔草，辛振强在一边观看。他感到奇怪：怎么姥爷拔的草同水稻苗差不多呢？姥爷说："我拔的是稗草，不是稻苗。只要仔细观察，就会发现是不一样的。"姥爷说了半天，辛振强也没有弄明白。

这时，一只青蛙跳到了辛振强面前。他感到很好玩，就不问姥爷水稻与稗草的区别了，专心捉青蛙去了。

可是，青蛙也不是好捉的。辛振强在水田里来来回回，忙得不亦乐乎，弄了一身泥浆，什么也没有捉到，只顺手在稻田里捉了一只蝴蝶。一不小心，辛振强一脚踏进了水深的地方。他的水鞋进水了，他索性把水鞋脱下来，赤脚在稻田里捉青蛙。这一折腾，稻田里的水被他搅浑了，什么也看不清，一只小螃蟹就被他"顺手牵羊"了。

过了一会儿，辛振强感到小腿有点疼和痒的感觉。低头一看，有一个黄绿色的小东西粘在腿上，他用手拔了几下也没有拔下来。这时，腿上还有鲜血流了出来。他急忙喊："姥爷，我的腿上有一个东西怎么拔不下来呢？"

姥爷听到后急忙过去察看："哦，这是蚂蟥。这个小东西专门吸人或动物的血液。我们到水田里穿水鞋，就是为了防止蚂蟥的叮咬。"

"这可怎么办呀？"辛振强带着哭腔说。

"蚂蟥是专吸人或动物血的寄生虫。"姥爷说着，点燃一支香烟，"蚂蟥咬人，人不会有疼痛感，只是有一种痒痒的感觉。它往往吸附在人的脚面上或者小腿上，咬住人后不断地伸缩躯体使劲往肉里钻。被咬的人下意识地用手抓它，会觉得软囊囊、滑溜溜的，越抓越长，越抓它越不松口，越发加快了身躯的伸缩蠕动，好像非要钻到人的骨头里不可。"说完，他猛吸一口香烟，用香烟上的火焰对准蚂蟥。顿时，蚂蟥从辛振强的小腿上掉了下来。

启迪

在水田里劳动，遇到蚂蟥（也叫水蛭）是常有的事情。当被蚂蟥咬住后，不要惊慌或大呼小叫，可以采取下列措施：

1. 蚂蟥叮咬时切勿用力硬拉，否则容易把蚂蟥撕断，一部分留在被咬者的皮下并引起感染。

2. 可以在蚂蟥叮咬部位的上方轻轻拍打，使蚂蟥松开吸盘而掉落。

3. 可将肥皂液、浓盐水、烟油或酒精滴在其前吸盘处，或用燃烧着的香烟烫，让其自行脱落；然后压迫伤口止血，并用碘酒涂抹伤口以防感染。也可将烟汁、石灰水等撒在水蛭身上，或用柴火烤，使其松脱。

4. 伤口如不断地流血，可将炭灰研成末敷于伤口上，或将嫩竹叶捣烂后敷上，也可用干净纱布覆盖伤口1～2分钟。血止后再用5％的碳酸氢钠溶液洗净伤口，涂上碘伏，用消毒纱布包扎。若再出血，可往伤口上撒一些云南白药或止血粉。

终生难忘的山涧游玩

去年夏天，杨一新跟着爸爸到当地的驼峰山去游玩。

当时正值阴雨连绵的雨季。杨一新跟着爸爸乘车来到驼峰山的山脚下，就开始步行了。

这里有一个大型游乐场，一般首次到这里游玩的人一定要玩一次漂流，杨一新和爸爸当然也不例外。父子俩坐上皮艇，开始在水上漂流起来。一开始水流很慢，很适合观赏风景，但之后水流渐渐加速，原来要经过第一个急流了。急流过后衣服全湿了，但杨一新觉得特别好玩。一路上，杨一新数着，一共经过八个大急流。

玩过漂流后，杨一新和爸爸一起来到一处山涧。他们要在这里捡些彩石，打算拿回家放到花盆里。

到山涧游玩的人不少，有的在戏水，有的在观光，人们都玩得很开心。

忽然，从山涧上面流下的水多了起来。有人大声喊道："不好！可能上游有大雨，洪水下来了，赶快离开这里！"

周围的人听到后，有的火速向高处跑去，还不忘招呼周围的人；有些人则不当回事，心想这里的天气好好的，有什么可大惊小怪的。

毕竟人多，其中不乏见多识广的人。有经验的人马上大声喊道：

"各位游客，请马上上岸，上面下来的水越来越多，会有危险的!"

但有些人仍不以为然。一对情侣见水流大了，就手拉手站到水中比较高的石头上，水一时冲不着他们。更多的人则急忙向岸上跑去。

这时，山涧里的水越来越多，一些较矮的石头已经被水淹没。有些站在水里高一些石头上的人，见水流大了，害怕了，但却不敢下水冲上岸边。

突然，一股更大的水流冲来，将一切都荡平了。山涧中的高石头已经被水淹没，那些留下的人也不见了。只见水面越涨越高，吓得人们纷纷向高处奔跑。

杨一新被爸爸拖着跑到一处高地，亲眼目睹了这可怕的一幕。杨一新说："爸爸，这里明明是晴天，怎么会有大水流下来呢?"

于是，爸爸给他解释起来："我们这里是晴天，但山涧的上游可能是阴雨天气，大雨降下来，随着山涧向下流淌，就出现了我们这里的现象。所以，不论走到哪里，安全第一不能忘记啊!"

面对滚滚的山涧洪水，杨一新伤心地点点头。这次山涧旅游令他终生难忘。

启迪

到山涧里游玩，可以感受自然流水，感受大自然的魅力。但是到人生地不熟的山涧里游玩，应该注意以下几点：

1. 穿旅游鞋，以免脚下打滑造成摔伤。

2. 山涧里或许会有水塘，但不要在里面洗澡，因为不知水的深浅；水的温度也是未知数，如果温度太低，可能造成身体抽筋，出现危险；还要注意暗流，避免出现意外事故。

3. 要看天气，在阴雨连绵的季节或雷雨天最好不去山涧，避免上游出现洪水，造成伤亡事故。

4. 不要随便用山涧里的水洗手、洗脸，更不能喝。有人曾用山涧里的水洗脸，竟让水蛭钻到了鼻孔里。

5. 不能在山涧里打闹，以免摔伤。

黑夜迷路

小丽的爸爸在外地工作，她和妈妈一起生活。一天晚上，妈妈突然病了，肚子疼得很厉害。小丽怕妈妈有什么意外，就对妈妈说："妈妈，我到镇上去给你请医生来看看吧？"

"小丽，晚上你一个女孩子家怎么能行？"妈妈担心小丽的安全。

"不要紧的，我已经10岁了。"小丽对妈妈说。

"你去找爷爷，让他领着你去找医生吧。"妈妈嘱咐小丽。

小丽嘴里答应着，心里却想：我已经长大了，应该自己独立做事了。再说爷爷气管不太好，老是犯毛病，干脆我自己去得了。况且自己以前曾去过一次张庄。

小丽带上手电筒，踏上了去张庄的路。

因为村里通往镇上的路没有修好，一路上坑坑洼洼的。她用手电筒照着，走得还算顺利。当她赶到前面一个路口时，发现是一个三岔路口——到底走哪条路呢？她心里没有数了。

最后，她选择了她认为是去镇上的那一条路走。结果，她越走越感到不对劲——走了很长一段时间，还没有到达镇上，按照她的经验应该到了。她仔细一看，前面的路没有了，眼前全是蒿草。她知道自己迷路了，开始冒冷汗了。这时，附近的一棵树上传来了一声猫头鹰的叫声，十分恐怖，小丽恐惧地打了一个冷战。这时，她的手电筒也没有电了，眼前漆黑一片。小丽急得直想哭。

于是，她只好按原路向后走。一声声猫头鹰的叫声不断传来，吓得她直打哆嗦。

忽然，小丽看到远处有一点亮光，忽闪忽闪的。她想：那是不是狼的眼睛？如果是狼，我就跟它拼了。想到这里，她马上又否定了：我们这里哪来的狼，只有在人烟稀少的地方才有狼。有灯就有人，不管三七二十一，小丽朝着灯光走去。再仔细一看果然是灯的亮光。

走了一段时间，似乎听到有人喊叫的声音。她仔细一听，好像是个女人的声音。她继续走着，隐约听到有人在喊："小——丽——"。她停住了脚步，仔细辨认起来。

对呀，是有人在喊"小丽"。再辨认一下，哦，听出来了，是奶奶的声音；哦，还有爷爷的声音。

小丽激动得眼泪都流出来了。"奶奶！爷爷！"小丽一边高声喊着，一边抹着眼泪。

奶奶和爷爷也听到了，同时高声喊着"小丽"。不多时，他们相聚了，拥抱在了一起。

"奶奶，我迷路了。"小丽哭着说。

"孩子，你妈怕你不找爷爷，就忍着疼摸索到我们家敲门。当我们知道你没有回来后，就为你担心了。你一个女孩子家有这么大的胆量在黑夜里为你妈请医生，真是个懂事的好孩子！我们怕你出意外，把你妈妈安抚好，让她躺在我们家里，我们就出来找你了。"说着说着，他们来到了那个三岔路口。

爷爷指着路说："应该朝那个方向走。"

"你妈肚子疼得很厉害，我们赶紧沿着这条路去请医生。"爷爷说。

启迪

我们外出时可能会有迷失方向的时候。平日里要掌握相关辨别方向的知识，到时候会有用武之地的。

1. 根据太阳判断北方：对于住在北半球的人来说，如果太阳刚出来，可以面对东方升起的太阳，左边就是北方；正中午的时候，面对太阳，太阳在南边，相反的方向是北边；太阳落山的时候，面对太阳，对面是东，右边是北。或背对着太阳，你的眼睛所视的方向：清晨是西方，中午是北方，傍晚是东方。

2. 根据山上的积雪辨别方向：只要有太阳出来，朝南的山坡上的积雪容易融化；朝北的山坡不容易融化或积雪相对较厚。

3. 根据树的形状辨别方向：看一棵树，其南侧的枝叶茂盛而北侧的稀疏；大树北边长有较多的苔藓类植物；果树果实多的一侧是南方，少的则是北方。

4. 利用指南针辨别方向：当指南针的磁针静止后，其 N 端（通常都有标志）所指的方向即为北方。

利用指南针辨别方向十分简便快捷，但是需要注意：

（1）尽量使指南针保持水平状态；

（2）不要距离铁、磁性物质太近；

（3）不要错将磁针的 S 端当做北方，以免造成 180°的方向误判。

发生在校门口的绑架案

"丁零零，丁零零"，一阵电话铃声响起，睿睿的奶奶急忙去接电话，"喂！你好！"

"哦，你是睿睿的奶奶吗？"睿睿的奶奶天天送睿睿上学，所以班主任王老师听出了她的声音，"睿睿怎么没有上学呀？病了吗？"

睿睿奶奶一听急了，说："不对呀！我每天都把睿睿送到校门口后才回家！怎么能没去呢？"

"我去上课时发现睿睿的座位空着，问其他同学，都说没有看到他。"班主任王老师说。

"孩子能到哪里去呢？"睿睿奶奶感到问题严重了，"是不是失踪了？"

睿睿奶奶急忙将这一坏消息告诉了睿睿的爸爸，睿睿的爸爸又告诉了睿睿的妈妈，睿睿的全家人都请假去找孩子了。学校里部分没有课的老师也帮忙到睿睿可能去的地方去找。

大家忙得团团转，也没有什么结果。

中午时分，奶奶家的电话突然响起，奶奶急忙去接电话："喂！什么事情呀？"

电话中传来一个陌生男子的声音："你家的孩子在我手里。要想保全孩子的性命，两天之内将 30 万元打到我的账户上。我的账号是×××
×……"说完就挂断了电话。

全家人这时才知道——孩子是被绑架了！可奶奶送睿睿到了校门口，怎么会被绑架呢？

"马上报案！"睿睿的爸爸当机立断。警方在接到报警后，迅速展开调查，利用对方再打电话的工夫，有意拖延打电话的时间，从而锁定了对方的手机。第二天，犯罪嫌疑人徐某就被抓获了。

根据徐某的交代，其通过了解，知道睿睿的爸爸是一家公司的老板，家里有钱；再通过几天的观察，发现睿睿上学都是由奶奶接送的，奶奶送到校门口后马上就会回去。那天早上，等睿睿的奶奶送睿睿走到校门口后，躲藏在校门外的徐某马上出来，叫住正往里走的睿睿。

徐某骗他说："睿睿，我是你爸爸公司的员工。刚才在公司见到你爸爸患了急病，正送往医院里进行抢救。这不，你妈妈让我来接你到医院去。你奶奶还不知道呢！"

睿睿一听爸爸病了，也没有多想，便跟着自称徐某的人走了。当走到一辆面包车前时，自称徐某的人便让睿睿坐了进去。他把车开到镇外的一家平房里便把睿睿拽了下来，说："小子，你被骗了！"说完，就把睿睿用绳子绑了起来。后来，就给睿睿奶奶打电话进行敲诈。

面对绑匪，我们应该怎样自救呢？

1. 如果在校园里，有人告诉你你家里的人生病了，要你跟着走，你应该当机立断，有自己的主见。

（1）千万不要跟着走，你可以说："行，我到教室去拿一下东西。"以此来摆脱他。事后，找班主任帮助联系一下。

（2）如果仍然摆脱不了他，你可以高声呼救，引起周围的老师和同学们的注意。要运用自己的智慧同坏人周旋，例如表面上装出顺从的样子，降低坏人的戒备心，然后再寻找机会脱身。

2. 千万不要相信路遇的陌生人，不管他们有什么借口。遇到类似的情况，最好想办法打电话向家里人核实。

3. 被绑架后，应尽量保持情绪稳定，冷静思考对策，观察周围环境，看是否有逃脱的可能。要抓住求救的机会，如果附近人多，可大声呼救。如果经过繁华地区，要想办法引起行人的注意，如哭闹、坐在地上不走等。一旦有围观群众，应马上向大家讲明自己的情况，但一定要记住，所采取的行动一定要突然、果断。如果四周偏僻无人，不要盲目地呼救或和坏人搏斗。如果鲁莽行动，可能会受到伤害。

4. 被关押后，要细心观察关押处所及周围的情况，看是否有逃脱的可能，并抓紧寻找报警途径。可用眼神、手势、私人物品等，伺机发

出求救信号。如有临街的窗户，可写个纸条扔下去，请行人帮助报警；也可以试着敲击暖气管、下水道等，引起别人的注意。

5. 如果歹徒要捆绑你，一定要把肌肉绷紧，这样比较容易把绳结打开。嘴上的胶带可以用舌头舔，唾液可使胶带渐失功效，或用嘴摩擦坚硬的物件。挣脱后根据情况决定是否呼救。

6. 要保持良好的心理状态，尽量保存体力，强迫自己多进食、多饮水，以保证身体有足够的水分和营养。

7. 牢牢记住罪犯的体貌特征、年龄、口音、绑匪人数等，一旦获救，可以为公安机关提供破案线索。

火灾面前的逃生

1994 年 12 月 8 日，克拉玛依市教委和新疆石油管理局教育培训中心在克拉玛依市友谊馆举办迎接新疆维吾尔自治区"两基"（基本普及九年义务教育、基本扫除青壮年文盲）评估验收团专场文艺演出活动。

演出开始后，舞台上方的 7 号光柱灯突然烤燃了附近的纱幕，接着引燃了大幕。顷刻间，电线短路，电灯熄灭，剧场里一片黑暗。谁也没有料想到火灾来得这么快、这么猛烈。浓烟中，教师们嘶哑地叫喊着，组织学生们逃生。但是，他们怎么也没有想到，馆内的 8 个安全门，只有 1 个门是开着的。烈火、浓烟、毒气以及踩踏，很快地夺去了一个又一个生命。

此次大火，酿成 325 人死亡、132 人受伤的惨剧，死者中 288 人是学生，另外 37 人是老师、家长和工作人员。

然而，在这次震撼中外的大火灾中，有一位仅有 10 岁的小男孩和他的表妹却出乎意料地火里逃生，毫发未损。

这是怎么回事呢？原来，在火灾发生时，处在一片混乱中的这个 10 岁的小男孩抓住他表妹的手，躲进了附近的厕所。当时厕所里还有几个人，大家把门关上，在小小的厕所里一直等到救援人员的到来。

事后，人们问他："为什么要躲进厕所里？"

他说："老师告诉我们发生火灾时，如果不能逃出去，就躲到厕所里，等待救援。"

说得多好呀！当火灾发生时，厕所最安全，大家记住了吗？

启迪

水火无情。每到一个新地方，首先要辨清周围的环境和安全出口，这有利于发生危险时逃生。当发生大火时，我们应该积极逃生，要选择安全的逃生路线，寻找安全的地方避险，防止建筑物燃烧倒塌。

1. 尽可能蹲低身体，尽快逃离火场。

2. 尽可能向地面逃生，若楼梯已被大火封锁，则可利用绳索或将被单连接起来，从窗口滑到地面。

3. 发生火灾时应沿着墙壁走，有楼梯的绝不用电梯。

4. 带小孩逃离时，可用被单将孩子绑在背上或是抱在胸前。

5. 在主要逃生道上若有许多人拥挤，应另找别的逃生通道。

6. 女性如穿高跟鞋，应立即脱去或换鞋，以免逃生途中摔倒，延误逃生时机。

7. 火灾时切勿躲在屋角或床下只图一时的安全，这样可能葬身火海。有条件的可披上湿棉被等外逃，并用湿毛巾捂住口鼻，防止烟气熏呛和中毒，尽快找寻逃生出口逃生。

8. 大火蔓延时，可以躲到有水的卫生间中并关上门，将水撒到门上，等待救援。

在杨树林里遇到的小麻烦

放暑假了，晓明被妈妈送到乡下奶奶家。起初，因为没有玩伴，晓明只好待在家里写暑假作业。后来，晓明碰到了一个和他差不多大的男孩，他们有着共同的爱好，便经常一起玩。

这天，他们来到村外的一片杨树林里玩。这片树林占地面积都很大，有很多很多树。他们在树林中穿梭、玩耍，十分快乐。

他们发现有一只很漂亮的鸟，于是他们就仔细观察起来。可能鸟发现有人，就飞走了。

晓明是个鸟类爱好者，在动物园里观察过不少鸟儿，但还没有看到过这么漂亮的，就说："走，我们去观察一下。"于是他们一起跑向了树林深处。

正在晓明抬头观察时，脖子上不知落下一个什么东西，用手一摸，原来是一只毛毛虫，他随手把毛毛虫扔到了地上："不好，一只毛毛虫落到了我的脖子上。我的脖子疼。"

男孩说："你不要动！我奶奶有对付毛毛虫的办法，走，回去让我奶奶给你看一下。"

来到男孩的家里，他奶奶发现晓明的脖子上出现许多小红点，而且还有许多小毛刺。她说："这是毛毛虫的毛，有毒。"接着赶紧拿出一块胶布，剪成几小块，先拿一块粘在晓明脖子上，再撕下来。晓明一看，小胶布上面黏附了很多小毛毛。当小胶布用完后，奶奶将一种软膏涂在晓明脖子上。

很快，晓明就感到不那么疼了。

启迪

夏天在树下走路，有时候会有毛毛虫落到胳臂上或身上，不小心处理的话，会被毛毛虫蜇伤。面对这种情况该怎么处理呢？不妨采取以下措施：

1. 毛毛虫虽不像毒虫那样对人产生那么严重的伤害，但也能使人刺痒难忍。当毛毛虫刚落到胳膊上时，最好用嘴巴吹掉它，千万不要用手拿。

2. 如果书包里有橡皮泥，不妨把橡皮泥放在被咬伤的地方，一按一提，反复多次，毛就会被橡皮泥粘出来。

3. 用胶布多黏几次，然后涂上肤轻松软膏。

4. 就地取材，自己弄一个合适的泥团，进行类似的处理，然后清洗伤口。

以牙还牙

教室里，同学们正玩得开心。周杨瓒坐在自己的座位上看书，阳光照进来，暖暖的。突然，一个纸团落在周杨瓒的书桌上。她打开一看，只见上面写着："小不点，你等着吧！"看着这莫名其妙的一句话，周杨瓒丈二和尚摸不着头脑。是她惹了什么人了吗？没有啊。她本身就是个班干部，一直严格要求自己，从来都不惹事，和其他同学处得都很好，怎么会突然有人给她传来这样的纸条呢？

周杨瓒四处张望着，想看看到底是谁扔过来的，说不定许是谁扔错了呢！

正当周杨瓒左右张望的时候，恰好与一双眼睛相遇了：丁晓乐！啊？不会吧，难道是他想要整自己吗？一想到这里，周杨瓒的心里便发毛。这个丁晓乐，在班级里可是出了名的喜欢欺负人的人，别人不惹他，他却喜欢惹别人，每天都有学生被他欺负。

记得昨天，有一个同学经过他旁边的时候不小心碰了他一下，他居然说那个人是故意的，把人家打得鼻青脸肿的。后来老师来了，他才住了手。

所以同学们都怕他，见了他都尽量躲着，不敢跟他对着干，因为他长得实在太强壮了。作为班干部，周杨瓒也经常帮助、开导他，可他每次都不等周杨瓒说完就对着她做鬼脸，因此周杨瓒也常常到老师那里去打他的小报告。是不是因为周杨瓒打他的小报告，他就要报复周杨瓒了呢？这时，周杨瓒瞥了他一眼，只见他正一脸坏笑地看着周杨瓒呢！

第二节课下课后，周杨瓒上了趟厕所，回来后，她桌上的圆珠笔便不见了。同学们告诉她说是丁晓乐给扔了，周杨瓒的心里很生气。

第二天一早，周杨瓒的桌上又出现了一个纸团，打开一看，上面写着："你是一个很好欺负的人，嘻嘻！"看完这样的话，周杨瓒越想越生气，决定也要给他点颜色瞧瞧。到了下午，见丁晓乐离开了自己的座

位，周杨瓒立刻跑到他的桌子边，把丁晓乐心爱的钢笔给藏了起来。丁晓乐回来发现后，居然哭了起来："这是我爸爸给我买的笔，是谁把它扔掉了？"

"是我，谁叫你扔我的圆珠笔呢！"周杨瓒理直气壮地对着他说道。一看到周杨瓒这样的架势，他一下子愣住了。大概他没有想到，一个曾经那么文静的人，一个被他欺负的人会这么对待他。周杨瓒没有理会他的反应，继续说道："人不犯我，我不犯人。你要知道，我可不是好欺负的！"

也许真的是被周杨瓒这么一个文弱的女生给镇住了，好一会儿，丁晓乐才开始发作："你也太胆大了吧，你就不怕我打你吗？"

"你能打是吗？那你打啊，看看到时候是谁丢脸？再说了，一个男孩子，总是喜欢欺负比他弱的人，算什么本事？有本事的人都是保护自己班上的人的，哪像你啊，净欺负我们自己班上的人，我真为你感到丢脸！"

"你！"丁晓乐面带怒色，但是却被周杨瓒说得答不出话来。

"是啊，是啊，丁晓乐，你老是欺负我们，这算什么本事呢？"看着他愣在那里，目睹了这一切的同学们都围了过来帮周杨瓒说话。周杨瓒顿时更有底气了，走到丁晓东的身边，拿出他心爱的钢笔递给他，并对他说道："同学之间要和睦相处，不能总是欺负同学，我们都很讨厌以大欺小、恃强凌弱。假如你被比你强壮的人无缘无故地打了，你心里会是什么感受呢？你也要想想被欺负的人的心理感受啊！"

听了这番话后，丁晓乐低下了头，难为情地对周杨瓒说道："哦，我还真小看你啦，你也是不好欺负的！行，我今后一定改掉自己的坏毛病。"同学们听他这一说，都不约而同地为他鼓掌，周杨瓒也开心地笑了起来……

不做沉默的羔羊，是对抗欺凌的一个良方。越是委曲求全，越是胆小怕事，就越会助长对方的嚣张气焰。面对对方的欺负，不妨也采取行动，以遏制他人的侵犯。

1. 做人要低调，不要惹是生非。

2. 如果有人欺负你，首先要向班主任及家长汇报。若还受欺负的话，可以让家长到学校找班主任协商解决。一般情况下，欺负你的学生不会再欺负你，因为他害怕班主任继续找他。

3. 多跟班里同学一起行动，包括吃饭、上学、回家。

4. 和班里的同学搞好团结，这样会有更多的人支持与同情你。

5. 自己不欺负比自己弱小的同学。

钱塘观潮也有险

2011 年 8 月 31 日是钱塘江天文大潮日。这天，大约有 4 万名游客聚集到嘉兴市海宁盐仓观潮点，准备一睹大潮的风采。

海潮来了，海潮来了！人们一边看着，一边说着，都在等待这美妙的时刻。

下午 1 点左右，潮水从远处缓缓而来。观潮的人们站在岸边，已能看见远处江面上的一道白线。下午 1 点 30 分左右，潮水正式到达盐仓。

令游客们万万没有想到的是，大潮竟冲过堤坝，直扑观潮的人群。刹那间，有人被冲倒在地，有人被冲下堤坝护坡……百米防浪墙被冲毁，上百人被卷下江堤。海浪好高，力量好大，所到之处，大有摧枯拉朽之势。

回头潮分好几波涌向东西坝观潮点人群。第一波，潮水只漫过江边防汛道；第二波，潮水达到了堤坝防浪墙下；第三波涌来时，看上去有几层楼高，如海啸一般。潮水直接漫过堤坝，冲向观潮的人群，观潮的人赶紧往后退，到处是哭喊声、求救声……

海宁当地公安、城管、医务等部门迅速组织人员救援受伤的观潮客。据统计有 34 名观潮客受伤，其中 9 人住院。所幸，没有观潮客被卷入钱塘江中。120 急救车到达现场后，受伤游客被紧急送往海宁第三人民医院。

后来人们了解到，受天文大潮期和台风的影响，那天潮水的浪高为 2.2 米，回头潮高达 20 多米，为 9 年来最高。

启迪 ●●

有一年，很多游客到浙江钱塘江观潮，突然潮水猛涨，夺走了许多毫无准备的观潮游客的生命。

本来是观赏人间奇景的，却因疏忽大意丢了宝贵的生命，教训深刻啊！所以，少年朋友，外出观潮一定要注意以下几点：

1. 事先要观察、判断周围会不会发生危险；一旦发生危险，安全通道在哪里。

2. 听从管理人员的劝告。

3. 注意观察周围环境，严格执行警示标志的要求。

4. 不要走下堤坝观潮，一般不要观看夜潮，不在危险地带观潮。

5. 不要粗心大意，发现险情马上撤离。

赶海谨防乐极生悲

星期天上午，张铁林、李明松和于承武一起到海边游玩，顺便捡些海螺。没等海潮落下，他们就在浅滩上戏耍起来，玩得十分开心。

海水逐渐落了下去，赶海的人陆陆续续下海了。

张铁林说："我们不是要捡海螺吗？那就抓紧时间捡吧！"

"对呀！我妈妈说，等我拾海螺回去，要做手擀面呢！"李明松附和着。

于是，三个人停止了嬉闹，下海捡起海螺来。海螺可不是随处都能捡到的，只有大面积地搜索海滩，才能有希望多捡一些。他们三个人跑呀、捡呀，时间不知不觉地过去了。

"你们看，海水怎么把我们包

围起来了!"张铁林惊呼道。

"不好!涨潮啦!"于承武有点潮汐知识,大声提醒大家,"快!赶快往回跑!"

在于承武的带领下,大家迅速往回跑。跑着跑着,前面遇到一条小海沟。由于涨潮,海沟里水流湍急,张铁林呛了一口海水。幸亏于承武已游过小海沟,拉了张铁林一把,他们才好不容易到达了安全地带。

张铁林咳嗽了几声,喘着气说:"哦,想不到潮水来得这么快,我差一点喂王八了。"

于承武说:"是啊,赶海一定要掌握本地潮汐的知识,按照潮汐规律办事,否则,就会受到大海的惩罚。"

 **启 迪**

少年朋友,赶海一定要有大人陪伴,未成年人不能私自去赶海,否则容易发生危险。

1. 选择好时间。赶海一般选择大潮汛,因为大潮汛海水退得远。海水退去时,行动迟缓的贝类就被搁置在沙滩上了。而大潮汛又以农历每个月的初二和十六的前后两天为最好。

2. 选择好天气。刮南风和西南风最好,而且风力大点为佳,潮水会借助风力退得比没风时远得多。

3. 选择好地点。赶海之前最好问一下当地的居民,他们知道哪个地方出哪种海鲜。

4. 下海时最好穿军用胶鞋,假如你想捉螃蟹还需戴上手套。

5. 事先要了解当地的潮汐情况,掌握潮汐规律;选择安全地带,依据海潮的变化规律,撤离要及时、迅速。

面对滚滚袭来的沙尘

　　沙尘暴又来了，狂风卷着漫漫的黄沙从遥远的内蒙古到达 A 市。漫天飞扬着尘土，每一个角落都弥漫着刺鼻的沙尘味。

　　大街上行人寥寥无几，为数不多的路人也都用围巾紧紧地裹着脸，眯缝着眼睛匆匆赶路。

　　我从教室向窗外看去，只见窗外黄乎乎的一片，什么也看不清楚。外面刮着大风，"呜……呜……"像一头被激怒的雄狮在吼叫，又像一头饿急了的猛虎发出阵阵怒吼。

　　快到中午的时候，沙尘暴才渐渐停了下来，但天空还是灰蒙蒙的。

　　据专家介绍，沙尘暴的发生是有一定条件的。沙尘暴是大风与沙漠、沙漠化土地及松散地表沉积物作用的产物。风是产生沙尘暴的动力，毫无遮掩的松土是产生沙尘暴的物质基础，因此，每当春季强冷空气南下的时候就很容易产生沙尘暴天气。对季节变换的这个外因，目前人类是无法改变的；而对地表状况这个内因，我们则是可以有效控制的。但问题也恰恰出在内因上。近年来，我国许多地区人口过快增长，资源开发利用过度，生态环境急剧恶化，土壤沙化、水土流失日益严重，局部地区已到了十分严重的程度，所以才接连不断地发生沙尘暴天气。

　　黄沙在步步紧逼，严重威胁着人类的生存，我们再也不能无动于衷了。我真想大声疾呼：请记住沙尘暴给我们的警告吧！从我做起，爱护人类的生存环境，再也不能乱砍、滥伐、乱挖、乱采、乱开荒了！

 启迪

　　要消灭沙尘暴，从大的方面说，应该退耕还林、还草，改善生态环境；治理流动沙漠；防止乱砍滥伐，加强退耕还林，多植树造林等等。

　　少年朋友，面对滚滚而来的沙尘暴，我们应做好以下防护工作：

1．尽量减少出行，在室内时关闭好门窗。

2．出行时注意佩戴具有防尘、滤尘作用的口罩。此外，可选用防风眼镜保护眼睛，选用时注意眼镜透光要好，要不妨碍正常观察路况。

3．行人不要在广告牌下、大树下行走或逗留。开车时不要急着赶路，应打开示宽灯、雾灯、尾灯，降低车速，多鸣喇叭以警示前后左右的车辆，远离阳台和广告牌，空调要使用内循环模式。若开的是小型车，应尽量减少并线行驶，防止发生碰撞；注意避让大货车。

4．一旦尘沙吹入眼内，不能用脏手揉搓，应尽快用流动的清水冲洗或滴几滴眼药水，以保持眼睛湿润易于尘沙流出，并起到抗感染的作用。

5．回到家后应用清水漱口，并仔细清洗鼻腔。房间内的灰尘要用湿抹布擦拭，以免将室内灰尘吸入呼吸道内。

6．沙尘暴天气通常空气干燥，应注意多喝水并加强皮肤保湿。

我所经历的雪崩

2013年，我和几十位登山爱好者计划攀登望天鹅山。元月26日，天公作美，天气晴朗，我们从不同的城市来到望天鹅山下，开始攀登这座山。

上午九时多，队员一个跟着一个往上攀登。

突然，前面传来了惊叫声："雪崩了！"因靠得太近，除了我前面的四五个人和最上面的六七个人没有被卷入雪堆外，中间的十多个人瞬间被汹涌而下的积雪卷下了山坡。积雪一波一波地冲下来，把那十多个人像包饺子似的裹在了雪堆里，一时间，根本看不到人影。急速滑落的雪，形成一大簇一大簇的雪堆，宛如巨大的浪涛，一浪一浪地向陡立的山坡冲去。幸亏山坡下面十多米的地方是森林植被，起到了缓冲作用，逐渐缓解了积雪的冲击。即便是这样，还是有一位驴友腰部撞到了树上，幸无大碍。我们都来不及反应，一瞬间惊呆了！

十多秒钟后，雪崩停止了。随着雪雾的散去，雪堆里的队员陆续挣扎着爬了出来。

这是我们初次遇到雪崩，大家都很惊恐，所以就撤回来了，准备以后有机会再登。

启迪

少年朋友，虽然我们不经常攀登雪山，但我们应该知道一旦攀登雪山遇到雪崩的应对方法。

1. 应朝雪崩方向的侧面逃跑；丢掉背包、手杖或其他没有用的东西并戴上口罩。

2. 如被雪压住，要奋力摆脱。休息时尽可能在身边造一个大的洞穴，形成一个大的呼吸空间。在雪凝固之前，要尽力到达表面。辨别方位时，从口中慢慢流出唾液，唾液流的方向是地面，以判断自己是不是倒置。

3. 节省力气，当听到有人来时，要大声呼救。

遭受雷击怎么办

夏日的一天中午，30 多岁的女员工姜燕要去工厂上班，但老天不作美，雨下个不停，不时还响着雷声。因工厂里人员比较紧张，任务比较重，厂里规定近日不准请假，赶完这批活之后大家可以补休。所以虽然天气不好，姜燕还是拿起雨伞按时上班去了。

她走到一棵大树下时，雨还在下着，不时响着雷声。忽然手机响了，她急忙拿起手机，准备接电话。正在这时，"啪嚓"一声，响起了一个炸雷，姜燕应声倒下了。

路过的人一看情况不好，赶紧跑过去救人。只见姜燕倒在地上，现场散落着手机机身、电池和后盖等，手机屏幕已经破裂。

热心人看见倒在地上的姜燕还有微弱的气息，马上拨打了120急救电话。

10分钟后120救护车赶到，急忙将她送往医院急救。幸运的是，姜燕死里逃生，住了十几天院，身体便康复了。

姜燕回忆说："我的手机响了，拿出手机想接电话。听到一声雷响，就什么也不知道了。"

夏季，由于受南方暖湿气流影响，空气潮湿，同时太阳辐射强烈，近地面空气不断受热而上升，上层的冷空气下沉，易形成强烈对流天气，所以多雷雨，甚至降冰雹。

启迪

夏天，如果我们遇到雷雨天气应该怎么办呢？

一、假如你在户外活动时，请注意以下几点：

1. 不要躲在大树下。因为树枝中含有水分，可以导电。如果万不得已躲在大树下，一定要与树干保持3米以上的距离，并且双腿合拢蹲在地上。

2. 不要停留在高处，比如高楼的平台、山顶等地方。因为站得高了，离雷电自然更近了。

3. 不要使用电话或手机，免得引来雷电。

4. 雷鸣电闪的时候，如果你在空旷的地方，请立刻收起雨伞，因为金属的柄及伞骨也会导电。

5. 一定要远离水源。不管你在河边玩，还是洗衣服、钓鱼、游泳，都请立即停止，赶快离开，因水是导电的。

6. 不要在外面运动，比如打羽毛球、打高尔夫球，因为高举的球杆、球棍都导电。

7. 如果在户外看到高压线被雷击断，应该高度警惕，因为高压线断点附近存在跨步电压。如果你恰好身处附近，请记住千万不要跑动，应双脚并拢，跳离现场。

8. 在户外躲避雷电时，不要双手撑地趴着，而要双手抱膝，尽量低下头，将胸口贴紧膝盖，因为脑袋相对于身体来说，更容易遭到雷击。

9. 在你看到闪电的几秒钟内就听见雷声，这说明雷电现在已经离你很近了。这时候，你应该停止走路，立即两脚并拢并且蹲下。

10. 如果你不幸地感觉到头、颈、手处有蚂蚁爬走的感觉，头发竖起，说明雷击就要发生在你的身上。这时千万不要慌张，也不要跑，而要赶紧趴在地上，以减少遭雷击的危险。如果你身上有金属饰品或者发卡、项链、手表，不要心疼，一律丢开，等雷过去了可以再捡回来。

二、假如你在室内活动时，请注意以下几点：

1. 打雷时要关好门窗，因为雷电有可能直接击到室内。

2. 不要接触天线、水管、防盗网、金属门窗、建筑物外墙等，并远离电线等带电设备。

3. 不要使用电话或手机，不要上网，不要看电视，最好把电脑的电源拔掉，因为避雷针只能保护建筑物。

4. 不要使用淋浴器洗澡。因为水管与防雷接地是相连的，雷电电流有可能通过水流传导而致人伤亡。

泥石流发生时

2010 年 8 月 7 日晚上 10 点半，家住舟曲城关镇北街的杨露梅接到出差的爱人打来的电话，嘱咐她早些休息。杨露梅随即和 4 岁的儿子睡下了。没多久，她迷迷糊糊地听到外面传来乱石翻滚、玻璃落地的声响以及撕心裂肺的呼救声。

杨露梅一把拉起熟睡的儿子，这时卧室的门已经裂开了口子。杨露梅抱起儿子打算从窗口冲出去，但倒塌的墙体堵住了去路。墙壁和石块开始往下垮塌。杨露梅只得用右手紧紧撑住孩子的腋窝，右膝牢牢抵住孩子的屁股，将孩子的脊背靠在冰箱上。顷刻间，泥石流灌了进来，一直埋到了杨露梅的脖颈。母子俩像被浇筑一样，双腿再也动弹不得。

原来，这里发生了泥石流灾害。泥石流突然爆发时，一股黏稠的泥浆挟裹巨大的石块，以排山倒海之势沿着峡谷奔泻而下，所经之处，泥浆飞溅、山谷轰鸣，顿时堆积成一片泥海……

"我要爸爸……"儿子的哭喊声让她一下子清醒过来。"别怕，别慌，妈妈在这里。"杨露梅拼命地忍住内心的恐惧，开始用露在外面的左手一点一点拨开脖子边的石块。终于，母子俩的呼吸顺畅起来了。

不知过了多久，听到有人叫她的名字。"我们在！"杨露梅拼尽全力回答。不一会儿，她听到了撬窗户、掏石挖沙的声音，随后救援人员来到了身边。看着儿子顺利被抬出，杨露梅当即晕了过去。他们获救时，已是次日上午8点半了。

在被埋长达10个小时的绝境里，一位母亲拼命托举着怀中4岁半的儿子，直到救援人员赶到。灾难当头，为了护卫自己的孩子，33岁的年轻妈妈爆发出了惊人的毅力。

泥石流流动的全过程时间长短不一。长的一般几个小时，短的只有几分钟。泥石流经常发生在峡谷地区和地震、火山多发区，在暴雨期具有群发性。它是一股泥石洪流，瞬间发生，是山区最严重的自然灾害之一。

启迪

泥石流的破坏力相当惊人，那么，如何应对泥石流灾害呢？

1. 在沟谷内逗留或活动时，一旦遭遇大雨、暴雨，要马上想到可能发生泥石流灾害，要毫不犹豫地转移到安全的高地，不能在低洼的谷底或陡峻的山坡下躲避，更不能停留。

2. 时时留心周围环境，尤其要警惕远处传来的土石崩落、洪水咆哮等异常声音，这很可能是即将发生泥石流的征兆。如有异常，应该马上跑到安全的地方。

3. 泥石流一旦袭来，要马上向沟岸两侧的高处跑，切忌顺沟方向往上游或下游跑，这样的跑法是致命的。

4. 泥石流发生前已经撤出危险区的人，在暴雨停止后不要急于返回沟内住地，要等待一段时间，确认安全后再回去。

5. 开车时不要走不熟悉的积水路面，如果在低洼处抛锚，应该立即弃车到高处等待救援。

当海啸袭来的时候

2004 年 12 月 25 日的圣诞节，英国女孩蒂莉·史密斯和爸爸妈妈在泰国普吉岛度假。早晨，她和妈妈一起到海滩散步。白色的沙滩，郁郁葱葱的椰树，清澈的海水，在海中矗立的岩石，平稳的海浪……构成了一幅美轮美奂的海岛风光。她注视着远处波光粼粼的海水，呼吸着这里的新鲜空气，感到赏心悦目……

突然，蒂莉·史密斯停下了脚步。妈妈问："怎么啦，宝贝？"

蒂莉·史密斯指着海水，紧张地说："妈妈，海啸要来啦！"

妈妈轻松地说："傻孩子，别胡说，平静的大海哪里会来海啸呢？"

蒂莉·史密斯认真地说："妈妈，您看这海水在冒泡，而且泡沫还发出嘶嘶的声音。我们老师给我们讲过，这是海啸即将来临的标志。"

妈妈听着孩子的解释也紧张起来，赶忙停下了脚步："宝贝，你确定吗？"

蒂莉·史密斯肯定地点点头，说："妈妈，我能够确定，一定是海啸要来了，这海水和我们老师讲的海啸发生时的情况一模一样。妈妈，我们赶紧离开这里吧！"

就这样，不仅他们一家躲过了这场劫难，还有 100 多名到普吉岛度假的游客在他们的劝说下也安全撤离。几分钟后，海啸铺天盖地呼啸而至……

2005 年，蒂莉·史密斯被一家法国儿童杂志评为"年度儿童"，她的机智挽救了 100 多名游客的生命。

海啸发生的最主要的原因，是由于海底地壳运动发生了断裂，有的地方下陷，有的地方升起。这势必会引起剧烈的震动，会引发大海产生波长很长的波浪，当传到岸边或港湾后会使水位暴涨，当高过岸堤时就会冲向陆地，造成巨大的破坏。所以说，海啸是一种灾难性的海浪。

在茫茫的大海之中，地震引起的海啸，其波浪高度虽然不到一米，但它蕴含着巨大的能量。当它冲击到海岸边或岛屿岸边时，浪高会急剧上升，最高时可达二三十米，而且每隔数分钟或数十分钟就重复一次，其破坏力是十分惊人的。

 启迪

少年朋友知道，海啸有着巨大的破坏作用，不能因为好奇去看海啸的壮观场面。如果你和海浪靠得太近，危险来临时往往无法逃脱。

当海啸发生或即将发生时，我们应该做到以下几点：

1. 在感觉强烈地震或长时间震动时，要立即离开海岸，快速到高地等安全处避险。

2. 如果收到海啸警报，在没有感觉到震动时也要立即离开海岸，快速跑到高地等安全地带，还要通过收音机或电视等掌握信息，在没有解除海啸警报之前不要靠近海岸。

3. 不是所有地震都能引起海啸，但任何一种地震都可能引发海啸。当你感觉大地颤抖时，要抓紧时间尽快远离海滨，登上比较安全的高处，等待险情过后再离开。

应对龙卷风的袭击

龙卷风的危害很大，我国境内曾多次发生过。

1956年9月23日，上海的一次龙卷风曾削去一座四层楼房的一角，把重量为110吨的油桶抛出120米远。

1979年4月17日，湖南省常德市的丘陵一带天气闷热异常。下午5时许，12岁的小学生姚明舫牵着三头水牛正在放牧。不一会儿雷声隆隆，乌云压顶，天色昏暗。突然，一阵巨大的呼啸声由远而近，这声音既像千

万条蛇发出的"嘶嘶"声，又像几十架喷气式飞机、坦克刺耳的发动机轰鸣声。天色变得漆黑一团，大风夹杂着许多看不清的东西扑面而来。

姚明舫一看天色大变，就想赶快牵牛回家，可在这疯狂的大风里他寸步难行。突然，他感觉到有一股力量向他袭来，系着水牛的绳子从他手里滑走了，他整个人都被卷了起来，一下子被卷到几十米的高空。恐怖的情景立即把他吓晕了，后来什么都不知道了……

等他醒来时，发现自己躺在一棵油茶树下。他爬起来一看，自己处身于完全陌生的环境。

原来，他遇到了龙卷风。大风夹带着冰雹铺天盖地而来，水牛向水库方向逃去，他却被龙卷风卷到几十米的高空，然后越过两座小山和一个水塘，飞行1千多米，落下时碰到茶树枝摔到地上，受了轻伤。这是一个小学生遭遇龙卷风灾害的真实故事。

1986年7月11日下午，上海市南汇、奉贤、川沙一线出现罕见的龙卷风，历时1小时之久。龙卷风所到之处天黑如漆，雷声震耳，风势凶猛，树木或拦腰折断或连根拔起，许多房屋倒塌。

2016年6月23日下午14点30分左右，江苏省盐城市阜宁、射阳部分地区出现强雷电、短时降雨、冰雹、雷电大风等强对流天气——龙卷风。灾害造成99人死亡，846人受伤。2016年6月26日，专家组确认盐城这次龙卷风，风力超过17级。

龙卷风是强烈积雨云底部下垂的强烈旋转的象鼻状漏斗形云柱，出现在陆地上叫陆龙卷，出现在水面上叫水龙卷。

龙卷风是雷雨云的"杰作"，雷雨云可维持数小时，直径可超过10千米。当雷暴雨来临时，雷雨云的上下温度相差很大，冷空气急速下降，湿热空气猛烈上升。强烈上升的气流达高空时，如果遇到很强的水平方向的风，这股上升气流就会向下旋转，形成许多小漩涡。这些小漩涡逐渐扩大，形成一个以160千米的时速沿水平方向高速旋转的空气柱。这个空气柱逐渐向下伸出，最终形成漏斗状的龙卷风。

由于龙卷中心气压低、风速大，所以破坏力很大，能将人及地面物体卷吸于空中，还可摧毁地面建筑物。

如果在你生活的地方突然出现了龙卷风，你该怎么办呢？

1. 在野外如果听到由远而近、沉闷逼人的巨大呼啸声，要立即躲避。这声音或"像千万条蛇发出的'嘶嘶'声"，或"像几十架喷气式飞机、坦克刺耳的发动机轰鸣声"。

2. 如在野外遇上龙卷风，躲避时要避开龙卷风的路径；因为龙卷风一般不会突然转向。

3. 龙卷风袭来时，不是关闭门窗，而是一反常态打开门窗，这样做的好处是使室内的气压得到平衡，避免风力掀掉屋顶，吹倒墙壁。

4. 在室内，人应该用双手及手臂保护好头部，在东北方向的房间躲避，并采取面向墙壁抱头蹲下姿势，因为西南方向的内墙容易内塌。

5. 家里如果有地下室，可以躲进去；如果没有地下室，应跑出住宅，远离危险房屋和活动房屋。

6. 龙卷风已到达眼前时，马上在低洼处趴下，并闭上口、眼，用双手、双臂保护头部，防止被飞来物砸伤。

7. 乘汽车时如果遭遇龙卷风，应立即停车并下车躲避，防止汽车被卷走、引起爆炸等。值得注意的是，汽车和活动房屋均没有防御龙卷的能力。

"中奖"骗局

近期，亲子综艺节目《爸爸去哪儿》赢得了亿万粉丝，大家都很关心这个栏目。

12月13日一早，张女士收到一条短信："您已中了湖南卫视《爸爸去哪儿》栏目组抽取的幸运二等奖，包括创业基金奖7.8万元和一台价值16 988元的苹果电脑……"

张女士登录短信中提到的网站，在输入手机后6位数字和提供的验

证码后，的确显示她中了二等奖，不过需填写基本信息才能领奖。当看到需要填写银行卡号时，黄女士起了疑心。于是，张女士拨通了网站提供的电话："您好！是《爸爸去哪儿》栏目组吗？"

"是的。"对方是一名操南方口音的男子，"恭喜您，您中奖了。我是《爸爸去哪儿》栏目组的工作人员，您是我们第一位抽中的幸运获奖者。"

张女士："我真的中奖了吗？"

"没错，创业基金奖 7.8 万元和一台价值 16 988 元的苹果电脑。"对方熟练地说。

张女士问："那我怎么领奖呀？"

对方说："《爸爸去哪儿》栏目组很荣幸分享您的喜悦，现在您只需要留下您的家庭住址，并交纳 1 000 元的手续费，三天后您就会收到礼物。"

张女士问："要怎么交呢？"

对方给了一个银行账号后说道："这是本栏目组的银行账号，只要汇进去就行了。"

张女士寒暄了几句后就挂了电话。

张女士觉得还是不放心，于是就咨询了网络 110，结果发现"中奖"是假的。张女士按着胸口说："幸亏我多长个心眼儿，只差一点，我就往账号打款了。现在的骗子可真是无孔不入啊！"

日常生活中，很多人经常收到以电子邮件、QQ、微信、短信等方式发送的所谓中奖信息。如果信以为真跟对方联系，他们大都会以保证金、手续费、支付邮资费用、预交税款等方式要求"先汇款，后兑奖"。当你汇去第一笔款后，骗子还会以各种名目和托词诱骗你继续不断地汇款，直到"吃干榨尽"为止。

少年朋友，面对这么多的"中奖"陷阱，我们应该怎样防范呢？

1. 正规机构、正规网站组织的抽奖活动，绝不会让中奖者"先交钱，后兑奖"。

2. 要克服"有便宜不占白不占"的贪财心理，要明白"天上不会掉馅饼"的道理。

3. 若对方提出兑奖必须先支付手续费、税款等时，可询问是不是可以从奖金中扣除后直接兑奖，若答复说不行，那一定是"中奖"骗局。

我所经历的台风

每天早上睁开眼睛，我是一穿衣，二锻炼，三入厕，四洗脸刷牙，五吃饭。这些动作完成之后，我急急忙忙地背着沉重的书包赶到学校。可是今天与往日不同，因为预报有台风，所以学校决定休课。"太棒啦！"我们班瞬间像炸开了锅一样，而我自然也是兴奋不已。谁晓得台风的威力有多大啊！于是，我便马不停蹄地回到了家。

我感到纳闷："真奇怪，现在阳光明媚，燕子高飞，姹紫嫣红，哪来什么台风？"想到这里我还是安慰自己说："还是先写作业吧，说不定一会儿台风就来了呢！"10分钟过去了，半个小时过去了，一个小时过去了，我总算听到了"呼——呼——"的声音。心里觉得很可笑，一点风而已，还休课，真是小题大做。

轻风吹拂，像妈妈的手温柔地抚摸着大地；蒙蒙细雨，如烟如雾，像丝丝银发在飘浮，如根根银丝在抖动。

转眼间，雨更大了，风更猛了。雨"刷刷"地下着。我往窗外看去，密集硕大的雨点落在房顶上、马路上……溅起千万朵水花，晶莹透亮，显得非常美丽。大风摇撼着槟榔树叶，像千军万马在呼啸，如狂涛怒浪在奔腾。

风吹着尖锐刺耳的哨子，好像要告诉我们台风要来了，我不由得抱成一团——这叫声也太恐怖了！"轰——轰——"连雷公也参与到这次的行动中了。我心里的感觉从自负变成了可笑，又从可笑变成了恐慌。

小树根本站不起腰，有的甚至被连根拔起；地上积满了水，看不出路在哪里。

转眼间，风雨交加，电闪雷鸣。哦，这速度也太快了吧！从上往下看，我们的小区变得一片狼藉。大风呼呼地吹着，雷轰轰地响着，雨哗哗地下着，而我的心也"咯噔，咯噔"地跳着。空中有几只海鸥在我们的小区里飞来飞去，我长这么大，还是第一次亲眼看见海鸥呢。

再看看窗外的行人，更是悲惨。风大，雨伞根本撑不住，不是人在打伞，简直是伞在带人飘着走。出租车经过一段积水的路面，水深大约30厘米，将出租车的轮胎没过了大半。桥洞下好几辆小面包车趴窝了，司机很无奈地坐在车里，等待水退去。

只要外出，人立马变成"落汤鸡"。

突然，不远处一家的院墙倒塌了，原来就不太结实，结果这次被大风给吹倒了。

经历这次台风，我算感受到了台风的威力。

这就是2004年第14号台风"云娜"，于8月12日在浙江省温岭市登陆，登陆时台风中心的最大风力达12级以上，共造成164人死亡。其中因房屋倒塌遇难的109人，因山洪暴发、泥石流遇难的28人，被风刮倒遇难的9人，被洪水淹死12人，因电线杆吹倒或触电遇难的5人，其他原因遇难的1人。

台风的淫威让我终生难忘！

台风是一种比较常见的自然灾害，当台风袭来时，我们应该注意以下几点：

1. 尽量不要外出。

2. 如果在外面，千万不要在临时建筑物、广告牌、铁塔、大树等附近避风避雨。

3. 如果你在开车，应立即将车开到地下停车场或隐蔽处。

4. 如果你住在帐篷里，应立即收起帐篷，到坚固结实的房屋中避风。

5. 如果你在水面上（如游泳），应立即上岸避风避雨。

6. 如果你已经在结实的房屋里，应小心关好窗户，在窗玻璃上用胶布贴成"米"字图形，以防窗玻璃破碎。

7. 如台风加上打雷，要采取防雷措施。

8. 台风过后需要注意环境卫生，注意食物、饮水的安全。

9. 进入紧急防风状态，中小学一般会下停课通知，水上作业人员撤离至安全区域，停泊船只上的值班人员应当加强自我防护并按有关规定操作。

汽车掉进水里之后

38 岁的姜女士有个 11 岁的儿子，名叫卢飞。

一天，姜女士心里有点烦，就对儿子说："卢飞，我有点事情出去一下，很快就会回来的。"

姜女士开着车，欣赏着一路上的风景，心情逐渐平静下来。她想把车开到风景如画的绿叶大街去，那里绿树成荫，花坛一个接着一个，应该是消遣的好路段。想到这里，她加快了车速。过一座桥转弯时，因转得太急，车头没有转过来，她心里暗想："不好！"车子竟落入桥下一条大河里。

河里的水比较急，也比较深，市民看到后，一时难以将落水者救出来。水不断进入车内，姜女士见无法逃出，便掏出手机给儿子打电话："卢飞，我亲爱的儿子，我开车落到绿叶大街东端的桥下，这里水深流急……希望你能好好地照顾自己。"

"妈妈，你要坚持，我马上就去救你！"卢飞再也没有听到妈妈的声音。他急忙跑出家，拨打 110 求救，然后自己乘出租车赶到出事地点。

卢飞赶到后，只见警察已经组织人员搭救。毕竟水流太急，水已经漫过车子，卢飞的妈妈被救出之后，已经没有生命体征了。

卢飞哭喊着冲向了妈妈……

启迪

一、汽车掉进水里，千万不要惊慌

1. 汽车入水后，不要急于打开车窗和车门，而应该关闭车门和所有车窗，阻止水涌入。

2. 逐渐下沉中，车身孔隙不断进水，直到内外压力相等时，车厢内水位才不再上升。这段时间要保持镇定，耐心等待。

3. 当水位不再上升时，做一个深呼吸，然后打开车门或车窗跳出

来。假如车门打不开，可用修车工具或在手上缠上衣服后打碎车窗玻璃。

二、如果大巴车困在水中，应该怎样逃生呢？

1. 从紧急出口逃生

大巴车的顶部一般有两个逃生窗。这两个紧急出口平时当换气窗用。当车子有被水淹没的危险时或遇到其他紧急情况无法打开车门时，司乘人员便可打开紧急出口，从这里逃生。

2. 用逃生锤敲碎侧窗的四个角

大巴车通常会配备 4 个红色的逃生锤，分别放置在车内前排和后排的两侧车窗旁。一旦遭遇险情可以派上大用场。

如果大巴车被水淹没，司乘人员可以迅速拿起逃生锤敲碎侧窗玻璃的边角，这是因为侧窗玻璃的中央部位比较厚，4 个边角比较脆。将 4 个边角的车玻璃敲碎后，再用脚将整块玻璃踹开，然后从这个缺口逃生。

实际上，一旦遇到危险，靠近窗边的人可以拿起逃生锤敲窗上的玻璃，速度越快，赢得逃生的机会就越大。

三、当小轿车开进深水区时，可能有两种情况：一是进入深水区但水不深，没有将整辆车淹没；二是水比较深，已经将车完全淹没。这怎么逃生呢？

1. 在水没有过车窗前逃生

如果水没有将整辆车淹没，车窗、车门没有锁死，一定要在水位到达玻璃下缘前尽快打开车门逃生，因为一旦水位超过这个高度，由于压力的关系，车门就很难被推开了。

2. 敲碎侧窗玻璃逃生

如果水位较深，车门、车窗打不开，应该尽快找出逃生锤等硬物，将侧窗玻璃的四个边角打碎，再用脚将整块玻璃踹开，让水进入车内。待水漫满车体内部，车内跟车外的压力一样大时，再进行逃生。实在找不到逃生锤等硬物时，也可以将车座椅靠枕拔出来，将靠枕插入车窗与车门之间的空隙，将玻璃撬开，待水漫满整个车体内部，车内外的压力一样大时再逃生。切记，不要敲车前挡风玻璃，因为这里的玻璃比较厚，不容易敲碎。

我被歹徒盯上了

那是某年大年初一的晚上，鞭炮声连绵不断。可惜的是，我家的鞭炮已经放完了，所以我就跑出家门去街上买鞭炮。当时已是晚上9点多，又赶上大家回家过年，大街上空无一人。

走在通往卖鞭炮商店的一条窄小的马路上，街道的冷清和以往车水马龙的景象有着明显的不同，真有点不适应。我跑到了一个胡同内，兴高采烈地买了20元钱的鞭炮。

返回的路上，我突然觉得有些不对劲——有两个黑影正从远处向我跑来！我的心里不禁有一股凉气袭来，很想躲藏起来却无处可藏；想跑，两条腿却像灌了铅似的沉重，根本迈不开步子。我的心里越来越慌。我努力稳住自己的情绪，闭上眼睛又突然睁开，却发觉眼前这一切都是真的，我不知怎么办才好。追赶上来的两人是十五六岁的染着黄发的少年，个个凶神恶煞一般；而我如同一只孤单的羊羔听到了要命的虎啸，又如同一只可怜巴巴的野兔听到了狼嚎。

突然，一只手把我抓起来，顺手给了我一拳，我被这个情景吓得不知所措，心里直扑腾。他俩把我带到一个黑暗的角落，向我要钱。我惊呆了，说不出话来。他俩见我不说话，便开始往身上搜索，结果只找到了30元钱。他俩望着刚收获的30元钱，愤怒得气不打一处来，稀里糊涂地骂了几句，又踹了我两脚，这才把我放了。

我回到家里，心情虽然恢复了平静，却在责怪自己："我怎么那么懦弱？面对歹徒，怎么不像个男子汉呢？我是一个男子汉，我应该变得坚强！"

社会上一些不法分子为了某种目的，常常以中小学生作为侵害对象，遇到这种情况可以采取下列措施：

1. 发现被歹徒盯上，不能惊慌，要保持镇定，根据自己的体力、心理状态、周围情况和歹徒的动机来决定对策。

2. 如果只是被歹徒盯上，应迅速向附近的商店、繁华热闹的街道转移，那里人来人往，歹徒不敢胡作非为；还可以就近进入居民区求得帮助。

3. 如果被歹徒纠缠，应高声喝令其走开，并以随身携带的雨伞和就地捡到的木棍、砖块等作为防卫武器，同时迅速跑向人多的地方。

4. 遇到拦路抢劫的歹徒，可以将身上少量的财物交给歹徒，同时仔细记下歹徒的相貌、身高、口音、衣着、逃离方向等情况，待事后立即向民警或公安部门报案。

5. 如果遇到凶恶的歹徒，自己无法脱离险境，就不要奋力反抗，以免受到伤害。一旦反抗，要大声呼喊以震慑歹徒，动作要突然、迅速，打击歹徒的要害部位，并在此过程中不断寻找机会脱身。

6. 切记，不到迫不得已时不要轻易与歹徒发生正面冲突，最重要的是要运用智慧，随机应变。

失火的客车

在一条高速公路上，一辆从厦门开往福州的大巴车高速行驶着，乘客有的在打瞌睡，有的正在兴致勃勃地观看车外面的风景。

田先生就坐在这辆大巴车上，他是从厦门回福州探亲的，还带着一个4岁的孩子。

这时，大巴车突然着火了。

田先生坐在窗户边，他首先发觉情况不对。当时，他闻到一股烟味，于是，赶紧过去提醒司机把车开到紧急停车带。

停车后，司机马上组织乘客下车，并安慰他们不要慌乱。田先生一边拨打122电话报警，一边帮着司机和售票员一起疏散车上的乘客，让大家远离这辆着火的客车。

当乘客疏散完之后，大巴车上已经浓烟滚滚，并冒出了火焰。田先生和司机马上拿起灭火器，向正在燃烧的大巴车喷射。

十几分钟后，高速公路交警和消防人员赶到事发现场，随即进行灭火。经过大家的努力，大巴车上的火终于扑灭了。

由于发现得及时，乘客疏散有序，赢得了宝贵的时间，车上 43 名乘客没有一人伤亡。

最后，司机师傅握住田先生的手说："谢谢您！多亏您发现得早，保住了所有乘客的生命。"

"没有什么，生命是主要的，我只是做了该做的事情。"田先生客气地说。

 **启迪**

当汽车着火时，应该采取以下措施：

1. 汽车被撞发生火灾时，由于车辆零部件损坏，乘车人员伤亡比较严重，首要任务是设法救人。

2. 如果车门没有损坏，应打开车门让乘车人员逃出；驾驶员可利用扩张器、切割器、千斤顶、消防斧等工具配合消防人员救人、灭火。以上两种方法也可同时进行。

3. 如果乘客有自救能力，可以用逃生锤用力敲击窗口玻璃的四个角，用脚踹开玻璃逃生。

4. 如果自己身上不幸着火了，在逃离时不要疯狂奔跑，那样做会让身旁的气流加快，导致身上的火势更加严重。可以采取在地上打滚的方式灭火，这是最快、最有效的自救方法。

5. 如果衣物与皮肤发生粘连，不要试图当场将它们强行分开，因为这样做可能会将伤者的皮肤一同撕下来。正确的做法是让医生用专业方法处理。

6. 撤离后，要远离着火的汽车，以免汽车发生爆炸。

7. 少年朋友是未成年人，保护好自己为上策，不要参与灭火。

吃火锅碰到的闹心事

终于等到了周末，天气好冷。小童的爸爸提议一家人一起出去吃火锅。

"好呀！"小童马上附和道，"我就爱吃火锅，尤其是冬天，吃火锅特有滋味，会冒汗的。"

"星星火锅店"就在小童家附近，不多一会儿他们一家三口就来到了火锅店。可能是因为天冷的原因，这里吃火锅的人真不少。

小童一家找了一个靠窗户的桌子，坐下后还可以看到窗外的景色。

小童担任点菜"大使"，他知道爸爸爱吃大虾，就给爸爸点了一盘大虾，随后又给妈妈要了一份羊肉卷。最后，他给自己要了一份鱿鱼片儿，还要了一份青菜。

爸爸看后笑着说："小童善解人意，知道妈妈和我的胃口。"说完，同小童的妈妈会心地笑了。

不一会儿，锅里的汤底烧开了，一股鲜美的味道扑鼻而来。小童和妈妈一起将大虾、羊肉卷和鱿鱼片下到锅里。不多时，他们便尝到了鲜美的大虾、肉嘟嘟的羊肉和鲜嫩的鱿鱼。一会儿，他们就吃得满头大汗了。

一边吃火锅，小童一边把他班级的趣事说给爸爸和妈妈听，惹得爸爸和妈妈哈哈大笑。

妈妈把青菜下到锅里。小童又讲了好几件趣事，青菜还没有熟。

"怎么菜还没有熟呢？"妈妈奇怪道，她仔细一看，"哎，怎么锅里的汤还没有开呢？"

爸爸听妈妈这么一问，也感到有问题——按时间青菜应该早熟了。爸爸一检查，说："没有燃料了。"接着又对服务员说："姑娘，我们的火锅没有燃料了。"

身边的一位姑娘听到后，说："请稍等。"随后取来酒精过来添加。

谁知，她没有按照要求熄灭火焰，而是带着火焰加燃料的。只听"嘭"的一声，火苗迅猛地蹿起来，把小童爸爸的眼眉烧焦了。说时迟，那时快，爸爸迅速把开关关上了，避免了一场意外事故的发生。

吃火锅的心情没有了。妈妈感慨地说："想不到，吃火锅也有危险。"

这时，领班的经理急忙过来向小童的爸爸和妈妈道歉，并给予安抚。因为小童的爸爸没有大碍，也就没有再做追究。

 **启迪**

吃火锅要注意安全，其安全隐患不能掉以轻心。吃火锅时要注意以下几点：

1. 火锅企业明知危险却还是选择易燃易爆品——酒精。其实，生物质液态安全环保火锅燃料早已面市，并且各项指标远远超过酒精。这种燃料属于非易燃品，燃烧温度高于酒精200℃，缺点是成本略高于液体酒精。使用液体酒精时，不能在酒精灯燃烧时添加酒精，否则，容易发生危险。

2. 使用天然气的火锅店铺不在少数，在使用过程中要注意检查胶管有无松动、脱落、龟裂老化现象。因为天然气是无色无味的，一旦出现泄漏很难察觉。使用时最好保持室内通风良好，以消除爆炸、中毒等危险因素。

3. 一些老火锅店使用火炭作为燃料。冬季门窗关闭，空气不流通，在不通风的包间内使用火炭特别容易引起一氧化碳中毒。如果使用炭烧火锅，一定要注意通风，门、窗要适时打开或始终保持开放状态；用餐期间尽量不要抽烟，否则会加大一氧化碳中毒的风险。如果就餐时还有孩子，要注意不要发生烫伤事故。

4. 使用电磁炉相对比较安全，但是要注意防止漏电。

冰窟营救

2013 年 2 月 16 日下午 3 点 30 分，一位五旬男子骑车经过冰封的七里河时，突然连人带车掉进了冰窟窿里。在河边玩耍的两个少年李林和任伟看到这个情况，随即向现场跑去，身高 1.75 米的任伟跑在前面，李林紧随其后。当跑到冰窟现场后，任伟趴在冰面上使劲抓住落水者，李林趴在任伟后面拽着他的双腿。但意外发生了，任伟趴的冰面发生坍塌，他也掉进了水里。随后，李林所在的冰面也发生坍塌。他说："我记得当时看了一眼，但他俩都不见了踪影。"

岸边的目击者随即报警。

15 时 45 分，邢台特警支队特 05 巡逻车接到 110 指挥中心指令后仅用 1 分多钟时间便赶到现场。特警队员发现七里河中央一个 2 米见方的冰窟中有 1 名男孩手扶冰块，正在水中挣扎，随时有沉没的危险。另据报警群众反映，冰窟中还有两名落水者，已经沉没，情况万分危急。

此时此刻，3 名特警队员没有任何迟疑：朱凯和岳丹东负责下河救人，杨文千负责接应被营救者、疏导周边群众及与指挥中心联络。

生命营救开始了，朱凯和岳丹东立即脱掉衣服，赤裸上身，不顾凛冽寒风和个人安危，携带车载救生圈下河救人，杨文千将巡逻车上的暖风开到最大，随时准备接应被营救者。由于近日天气转暖，七里河冰面上已经出现裂缝，在特警队员前进过程中不时发出"咯吱、咯吱"的声音，随时有破裂的危险，因此，特警队员只能在冰面上匍匐前进。朱凯和岳丹东到达冰窟旁边后，水中男孩已几近冻僵。朱凯想立即将男孩拉上冰面，但此时冰面发生了破裂，难以施救。随后，岳丹东将救生圈递给落水男孩，让其浮在水面上，确保不会沉没，同时呼叫岸上的特警队员杨文千找来绳子，递给冰面上的朱凯。朱凯想返回冰窟时，冰面已经破裂，无法继续前进。为营救男孩，朱凯将绳子一端抛给岳丹东，另一端紧紧攥在自己手中。岳丹东将绳子绑在救生圈上，二人用力将男孩向上拉。

此时冰面开始断裂，冰冷刺骨的河水涌上冰面，危险随时会发生。朱凯和岳丹东的衬裤全部湿透，两人使出全身力气，终于将男孩拉上了冰面。由于冰面开裂，救生圈只能承载一人，营救落水男孩的特警队员岳丹东毫不犹豫地光着身子趴在开裂的冰面上，将救生圈留给落水男孩，让杨文千、朱凯先将其安全护送到岸上，此时岳丹东的左腿已浸入冰冷的河水中。等待落水男孩安全到岸后，朱凯将救生圈抛给岳丹东，岳丹东这才借助救生圈在浮冰上艰难地爬回岸边。

随后，七里河分局民警、消防官兵、120 医护等人员、车辆已赶到了现场。特警队员先将落水男孩送上救护车，随后立即与消防官兵一起营救另外两名落水者。几分钟后，另外两名落水者被找到，但两人已经没有了生命迹象。

后根据警方认定，遇难两人中年长者姓刘，50 岁，为桥东区东郭村人，有精神病史。救人者为任伟，16 周岁。生还者是李林，他随后被送往邢台市人民医院抢救。医院获悉该情况后，在全力抢救的同时，减免了一切费用。

启迪

在冰面上救人要讲究技巧，不能盲目，否则不但不能将落水者救出来，还会把自己的性命搭上。如果不慎坠入冰窟要注意以下几点：

1. 不要惊慌，要保持镇定，大声呼救，争取他人相救。

2. 脚坚持踩水的姿势，用拳头或胳臂敲打眼前的冰，找到能支持体重的冰面。然后，双手扶在冰面上，双脚往后踢，尽量使身体呈水平漂浮状，不断向前，用手臂的力量爬上冰面。爬上冰面后，要向岸边滚动，以加大身体与冰面的接触面积。接触面积越大，对冰面的压强越小。

3. 不要乱扑腾，以免冰面破裂加大。要镇静观察，寻找冰面厚、裂纹小的地点脱险。此时，身体应尽量靠近冰面边缘，双手伏在冰面上，双足击水，使身体上浮，全身呈伏卧姿势。

4. 双臂向前伸张，增加全身接触冰面的面积，一点一点爬行，使身体逐渐远离冰窟。

5. 离开冰窟后，千万不要立即站起来，要卧在冰面上，滚动到岸边再上岸，以防冰面再次破裂。

6. 年龄较小的同学发现有人遇险，不可贸然施救，应高声呼喊成年人相助。

7. 正确的救人方法是找一根绳子，在冰上向落水者滑过去。在没有绳子的情况下，也可用运动衫、围巾、衣服等连接起来做绳子。这样可把落入冰窟的人拖上岸来。施救时自己趴在冰面上。

8. 还有一个很好的施救办法，那就是设法在河的两岸拉一根绳子，让遇险者双手抓住绳子，自己攀回岸边。

玩小铜锁的后果

小明的爸爸给他买来一把铮亮的小铜锁，准备用来锁课桌上的抽屉。

第二天，小明带着小铜锁和一根细绳，背着书包高高兴兴地上学去了。下课了，他交上作业，闲着没事就拿出书包里的小铜锁玩起来。同学们看到小铜锁，都觉得挺好玩，大家就传着看起来。

当大家把小铜锁传给小明的时候，小明便把手里的细绳系到小铜锁上，手握绳子转起小锁来，不少同学围着小明看热闹。

小明停住了。身边的小强说："小明，让我玩一下好吗？"

小明将锁递给了小强，小强高兴地玩起来。

突然，"啪!"的一声，系小锁的绳子断了。

只听到"妈呀!"一声，身边的小虎的脸被飞出的小锁击中。大家一看，他的脸上鼓起一个大包，周围还渗出一些血丝。

不少同学吓呆了，清醒的同学有的跑到教师办公室去报告，有的急忙扶着小明去校医务室……

同学们平日里上学，应该注意些什么呢？

1. 书包或衣兜里不要装小刀、钩针、金属玩具等。

2. 不玩有危险的东西，像用细绳拴着小铜锁甩着玩就比较危险。

3. 看到有人玩的项目有危险，应马上离开，不要围观。

骑自行车要谨防不测

星期四早晨，大睿吃过早饭后背上书包，跨上自行车在绿叶大街上飞快地骑起来。今天学校要举行运动会，他是长跑主力，自信冠军非他莫属。因为心情好，他骑自行车也特别有劲儿。

当大睿穿过繁华的怡和街一个拐弯处、快要到达通往学校的路口时，突然一辆公交车驶了过来。大睿一看不好，急忙来个急刹车，并用一只脚支地。公交车前头碰在大睿的车把上，竟把大睿碰倒了。汽车来了个急刹车，车轮压着自行车过去了，自行车顿时"毁容"了。公交车停下来后，司机仔细检查了大睿的身体，见他只是手上擦破了点皮，没有大碍，这才放心了。

后来，保险公司给大睿赔了一辆新自行车，这事件也就过去了。

不过，自从那次车祸后，大睿的妈妈让他改乘公交车，不再让他骑自行车上学了。

启迪

骑自行车上学有好处：快捷、省事，还不用担心堵车。不过骑自行车也有要求，少年朋友，不知你是否知道？

1. 未满12周岁不能骑自行车。马路上的人来来往往，未满12岁的同学还没有足够的力量掌握好车把，也没有足够的能力躲避突如其来的险情。

2. 平日里出门，近的就步行，远的不妨乘公交车。

3. 不要被人带着坐在自行车的后面，否则容易发生危险。

绿皮土豆是健康的"杀手"

绿色是生命的颜色。人们习惯吃绿色食品，尤其是绿色蔬菜。但绿皮的马铃薯却是健康的"杀手"。

A市某学校女孩倩倩和她的同学在一天午餐的时候领略到了绿皮马铃薯的厉害。

中午时分，倩倩和同学们一起到学校食堂吃饭，他们各买了一份酸辣土豆丝，就坐在餐桌边吃起来。"今天的土豆丝味道怪怪的。"倩倩一边吃一边说。"是啊，有点怪。"同学们附和着。但因为大家都饿了，也都没把土豆丝的怪味当回事。不一会儿，就把饭菜吃了个干干净净，回教室上课去了。

下午上第一节课时，倩倩感到肚子不舒服，头晕晕的，胸闷，想吐。她不由得趴在桌子上。正在上课的徐老师见到倩倩难受的样子，就走过来关切地问："倩倩同学，你怎么啦?"

倩倩站起来有气无力地说："老师，我难受，想吐。"

这时，班级里有八九个同学不约而同地说："老师，我也难受，我也想吐。"

徐老师见到情况有点严重，马上询问："你们中午吃什么了?"

"我们这几个人都吃了土豆丝。"

徐老师怀疑是吃土豆丝中毒了，便马上找几个人把这些同学送到了校医务室。到校园医务室时，发现不少同学已经在那里了。

原来，这些同学都感到不舒服，恶心，想吐。学校马上组织人员将这些学生送到附近的医院。到下午4点多钟时，已有60多人被送到了医院。

经过检查、化验，医生确定这是一起集体食物中毒事件。

追根究底，是食堂工作人员那天从市场买回来的土豆都带有绿色，没有削净绿皮，导致土豆中的龙葵素中毒。医务人员告诉大家，绿皮的以及长芽的土豆都不能吃。

 启 迪

绿皮土豆和长了芽的土豆含有毒素——龙葵素，食用后可引起食物中毒。

1. 土豆有芽时，要把芽眼挖去，去掉皮在水中浸泡，龙葵素可溶于水；在做土豆时可放些醋，醋可以解毒；不要吃带皮的土豆。

2. 一旦中毒，可将手指或干净的筷子伸到咽喉部搅动，引起呕吐，把有毒的食物吐出来；可吃点泻药，把胃肠里的毒素及早排出来。病情严重的应立即送医院救治。

3. 要尽量安抚患者，使患者保持情绪稳定。

地铁历险记

2011 年 8 月的一天，我在 N 市乘上了地铁。由于我的工作单位离地铁站很近，所以每天都搭乘二号线上下班，乘地铁已经成为我生活中的一部分。如同往常一样，列车进站停稳后，车门开启，下车，上车，车门关闭，列车行驶，一切都那么自然。可是，就在我乘坐的这趟列车驶出站台没多一会儿，就发生了意外。我当时站在列车行驶方向靠近车头的第二节车厢，觉得脚下的列车突然咯噔了好几下，然后减速，后来就停了下来。

这个意外让大家感觉很突然，一开始还没觉得有什么，以为只是一次很小的故障，很快就可以恢复，但是接下来发生的情况让大家觉得害怕了：在两节车厢的连接处，突然噼里啪啦地冒起了火花。我觉得好像是车厢内部的电线在被一种外力拉扯，然后连接处不断地冒出烟和火光，就像《变形金刚 3》里机器人被撕扯解体那样。站在连接处两边的乘客都吓得往一边躲，尖叫声此起彼伏，后来整个车厢就停电了，车厢

里一片漆黑。

不过黑暗仅仅持续了几十秒钟，车厢又恢复了供电。随着车厢照明的恢复，车厢里的惊叫声渐渐平息了下来。

10分钟后，列车开始缓慢滑行。好在这次故障时间不长，我感到很幸运。

乘坐地铁遭遇火灾、险情、故障、停电、危险品或毒气、坠入轨道等险情，正确的应对方法如下：

一、车厢着火：从疏散门进入隧道撤离

1. 火灾的烟雾和毒气会令人窒息，因此乘客要用随身携带的口罩、手帕或衣角捂住口鼻。如果烟味太呛，可用矿泉水、饮料等润湿布块。身上着火时不要奔跑，就地打滚或用厚衣物压灭。

2. 按动地铁车厢的紧急报警装置及时报告。

3. 利用车厢内的灭火器灭火。

4. 如果火势蔓延，乘客应先行疏散到安全车厢，再通过车厢头尾的小门撤离，远离火点。

5. 如果列车无法运行，需要在隧道内疏散乘客，此时乘客要在司机的指引下，有序通过车头或车尾疏散门进入隧道，或通过打开的疏散平台往临近车站撤离。

6. 乘客不要有拉门、砸窗跳车等危险行为，也不要因为顾及贵重物品而浪费宝贵的逃生时间。

二、车站内发生险情

1. 可利用车站站台墙上的"火警手动报警器"报警，或直接报告地铁车站工作人员。

2. 在有浓烟的情况下，捂住口鼻贴近地面逃离。

3. 要朝明亮处跑，遇火灾时不可乘坐车站的电梯或扶梯。

三、地铁故障：切勿跳入轨道以防触电

1. 地铁在运行隧道内突发事故，车厢内的乘客应立即找到车厢内壁上的红色报警按钮向司机报警。

2. 依照指示从列车紧急出口疏散或从打开的车门、疏散平台疏散。

3. 疏散时大件物品行李请留在车上，以免阻碍疏散通道。

4. 切勿擅自跳入轨道以防触电，穿高跟鞋的乘客需脱去鞋子以免扭伤。

5. 请在指定线路上行走，沿站台末端阶梯进入站台。

四、车厢停电：不可扒门进入隧道

1. 站台突然停电，很可能是该站的照明设备出现了故障，在工作人员安排疏散前，请原地等候。

2. 列车在运行时发生停电，乘客千万不可扒门离开车厢进入隧道。即使全部停电后，列车还可维持45分钟到1小时的应急通风。

五、遇到危险品、毒气：用衣物或纸巾捂住口鼻

1. 如果在车厢内发现不明包裹，在未确定其安全性时，最好远离该包裹。

2. 利用随身携带的餐巾纸、衣物等捂住口鼻，遮住裸露皮肤。

3. 迅速朝远离毒源的方向跑，到达安全地点后用水清洗裸露的皮肤。

六、掉下站台：紧贴墙壁以免被刮倒

1. 如果乘客坠落后看到有列车驶来，最有效的方法是立即紧贴非接触轨侧墙壁，注意使身体尽量紧贴墙壁以免列车刮到身体或衣物。

2. 看到列车已经驶来，切不可就地趴在两条铁轨之间的凹槽里，因为地铁列车和道床之间没有足够的空间容身。

违规的大货车

"红灯停，绿灯行，黄灯亮，不要行。"想必，这句歌谣每个人都知道吧，可就有人偏偏不把这句话放在心上。

暑假里，我们一家人去旅游。半路上，见到路边围着一大群人，远处一辆摩托车面目全非。我跑过去一看，只见人群中间有两个年轻人倒在血泊之中，一个早已不省人事，另一个则全身抽搐，口中、鼻中都流着血。我猜一定是出车祸了。

我问了一下围观的人，才知道事情的原委。大约10分钟前，一辆大货车闯红灯，正常行驶的摩托车来不及躲闪，被大货车撞倒了。摩托

车被撞飞好几米，两位青年也被抛出好几米，血流不止。大货车上的人见闯了祸便逃跑了。于是有了眼前这悲惨的一幕。

我急忙让爸爸拨打 122 电话报警。这时已经有几个人在抢救受伤者。

我想：为什么肇事者明知不能闯红灯却故意这么做？他们有没有想过由于他们的一念之差会给别人造成多大的伤痛？

希望大家增强交通安全意识，人人做遵守交通法规的好公民，让人间少一些悲剧。

后来那位肇事司机被抓到，受到了应有的惩罚。

启迪

红灯短暂，生命长久！行路等一下红灯的时间，同我们的生命比起来很短很短，等那么短短的几分钟算得了什么呢？

少年朋友，在过马路时应该注意什么呢？

一、横穿马路遇到的危险因素会大大增加，应特别注意安全

1. 穿越马路要听从交警的指挥；要遵守交通规则，做到"绿灯行，红灯停"。

2. 穿越马路，要走人行横道；在有过街天桥和地下通道的路段，应自觉走过街天桥和地下通道。

3. 穿越马路时，要走直线，不可迂回穿行；在没有人行横道的路段，应先看左边，再看右边，在确认没有机动车通过时方可穿越。

4. 不要翻越道路中央的安全护栏和隔离墩，更不能在马路上滑滑板。

5. 不要突然横穿马路，特别是马路对面有熟人、朋友呼唤或者自己要乘坐的公共汽车已经进站时，千万不能贸然行事，以免发生意外。

6. 结伴外出时，不要相互追逐、打闹、嬉戏；行走要专心，注意周围的情况，不要东瞧西望、边走边看书报或做其他事情。

7. 雾天、雨天、雪天，最好穿着色彩鲜艳的衣服，便于机动车司机尽早发现目标，提前采取安全措施。

二、怎样识别交通信号灯？

交通信号灯分为两种：一种是用于指挥车辆的红、黄、绿三色信号灯，设置在交叉路口显眼的地方，叫做车辆交通指挥灯；另一种是用于指挥行人过马路的红、绿两色信号灯，设置在人行横道的两端，叫做人

行横道灯。我国交通法规对交通指挥信号灯做出了以下规定：

1. 绿灯亮时，准许车辆、行人通行，但转弯的车辆不准妨碍直行的车辆和被放行的行人通行。

2. 黄灯亮时，不准车辆、行人通行，但已越过停止线的车辆和已进入人行横道的行人可以继续通行。

3. 红灯亮时，不准车辆、行人通行。

4. 绿色箭头灯亮时，准许车辆按箭头所示方向通行。

5. 黄灯闪烁时，车辆、行人在确保安全的原则下可以通行。

看房也要注意安全

大卫家最近几年经济收入不错，攒下不少钱。于是一家人开了一个家庭会，决定买一处新房，但是在哪个地段买又成了问题。

大卫说："选择离学校近的地方买最好，向阳小区距离学校最近，离爷爷家也最近，我们还可以经常去照顾爷爷和奶奶。"

大家都赞同大卫的方案，于是决定抽时间去向阳小区楼盘实地考查一下。

双休日的一天上午，大卫和父母一起到向阳小区施工现场实地看房。

10时20分左右，一家人在工地外围河堤道路上察看该楼房布局情况。途经一个土堆时，走在前面的爸爸突然被高压电击倒，高压电流瞬间将尾随其后的妈妈同时击倒，二人当即昏迷。大卫见状急忙喊人抢救，并拨打120，经急救二人均脱离了生命危险。

原来，这里设有警示牌：35千伏高压电线安全距离3米！但他们没有看到。

 启迪

为了保证安全，施工重地不能随便进入。如果进入工地应该注意以

下几点：

1. 注意安全警示标志，不要随意闯入禁区。

2. 不要轻易攀爬高压电线附近的土堆。路经施工现场堆的土堆时，需留意土堆上方及旁边有无高压电线，注意观察电压导线离地面的有效安全距离。安全范围如下：1.0 米，1～10 千伏；1.5 米，35 千伏；3.0 米，66～110 千伏；4.0 米，154～220 千伏；5.0 米，330 千伏；6.0 米，500 千伏……

3. 途经高压线附近时，不要挥手臂或上举无绝缘功能的棍棒，以免超越高压线与地面的安全有效距离。

去歌舞厅的悔恨

去年春天，是梁沙龙感觉最黑暗的季节。当时他 14 岁，在驼峰中学上初一，因为成绩不好，老师批评，同学们讥笑，于是他便弃学在家。

长时间在家闲着，梁沙龙觉得太无聊，便想出去玩玩。

3 月 6 日下午，梁沙龙趁家人不在就拿了 200 元钱乘车去了县城。

3 月 8 日上午，钱全部花光后，他乘车回家再次拿走 500 多元钱。在路过一家歌舞厅时，门口站着的一位自称是歌舞厅老板的妇女把他叫了进去。他要了两瓶啤酒，一边听歌一边喝酒。这时，歌舞厅的老板给他叫来了一个叫艳艳的小姐。聊着聊着，艳艳将他带进一间房子，随后他的下身就被艳艳摸了……没过多久，有人敲门叫艳艳，两人立刻穿上衣服，梁沙龙一共给了艳艳 200 元钱。

3 月 9 日上午，梁沙龙再次回家准备拿钱时，被他母亲发现了。在母亲的盘问下，梁沙龙不得不说出了事情的来龙去脉。父母一听觉得问题十分严重，便对孩子进行了一番教育。梁沙龙认识到自己问题的严重性，面对父母流下了悔恨的眼泪。

面对记者，梁沙龙泪流满面。他告诉记者，由于自己年龄小、不懂事，干了傻事，现在非常后悔。回家后父母亲对他进行了教育，他认识到了自己的错误，以后再也不去那种地方了。

家长觉得这件事情与歌舞厅老板的引诱有关，非常气愤，于是拨打110报了警。派出所民警接到报案后，认真进行了调查并对责任人进行了严肃处理。

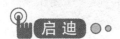
启 迪

《预防未成年人犯罪法》第三十三条规定，营业性歌舞厅以及其他未成年人不适宜进入的场所，应当设置明显的未成年人禁止进入标志，不得允许未成年人进入。少年朋友正处于生长发育阶段，要注意以下几点：

1. 未成年人不能进入营业性歌厅、游戏室、录像厅或网吧。

2. 不沉迷于网络游戏，不浏览内容不健康的网页，不与网友讨论不健康的话题，慎重会见网友。

3. 因为歌舞厅是消费场所，容易吸引未成年人，而他们没有经济来源，有可能引发偷拿家里钱财或偷盗他人钱财的行为，所以不应该到歌舞厅去。

慎用高压锅

晓雅是六年级的学生，从小就喜欢帮妈妈做家务，经常受到爸爸妈妈的表扬。

这天下午，晓雅完成作业后，看看天色不早了，爸爸和妈妈还没有下班，就走进厨房，打算提前将晚饭做好。在一个盆里，她看到了妈妈昨天晚上浸泡的海带。

"正好，爸爸和妈妈最近工作比较忙，很辛苦，我做个海带炖排骨犒劳犒劳他们吧。"晓雅在心里暗暗想道。

想到这里，晓雅马上行动起来。她把海带和猪排洗干净，然后放到高压锅里，加上佐料和盐，盖上盖，打开了煤气灶开关，蓝色的火焰静

静地燃烧起来。

等了一会儿，晓雅回到卧室拿出书看了起来。她还告诫自己不要忘了关煤气开关。

由于看得太入迷，晓雅把高压锅的事情忘得一干二净。

突然间厨房里传来"轰"的一声巨响，晓雅这才想起高压锅的事。跑到厨房一看，顿时被眼前的场面惊呆了：厨房里一片狼藉，高压锅的盖子炸飞了，灶台上和地上散落着排骨和海带，煤气已经熄灭，还"吱吱"地冒着气呢。

晓雅急忙过去把煤气开关关好。

晓雅不明白：好好的高压锅怎么会炸了呢？

启迪

为了保证安全，使用高压锅时请注意以下几点：

1. 使用前要仔细检查锅盖上的阀座气孔是否畅通，安全塞是否完好。

2. 锅内食物不能超过容量的 4/5。加盖合拢时，必须旋入卡槽内，上下手柄对齐；烹煮时，蒸汽从气孔中排出后再扣上限压阀。

3. 当限压阀发出较大的响声并转动时，要立即将灶火调小。

4. 烹煮时如发现安全塞漏气现象，要及时更换新的，切不可用铁丝、布条等东西堵塞。

一次郊游的遭遇

夏日的一天，李乐天和几个要好的同学一起到郊外的驼峰山游玩，并邀请了家住驼峰山附近的同学赵鑫做向导。

8 点多钟时，天气还不太热，他们一起唱着歌儿向驼峰山进发了。

驼峰山是当地有名的旅游景区，这里环境优雅，绿树成荫，各种各样的野花遍地开放，十分好看。李乐天看到了一棵野花开得特别鲜艳，就跑过去想摘下来。他刚伸出手，就有一只马蜂从花朵中飞出来。李乐天随手折了一根树枝来吓唬马蜂，马蜂认为有人攻击它，就向李乐天发起进攻。李乐天急忙躲闪，并喊着："妈呀！马蜂来蜇我了！"几个同学听到李乐天的喊叫声急忙跑过去帮忙，一起用树枝来对付这只马蜂。

马蜂抵不过众人的攻击，转身飞走了。"耶——！"大家一起欢呼起来。

大家接着继续向山上攀登。忽然，一阵"嗡嗡"声袭来，大家抬头一看——妈呀，是一群马蜂袭来，那架势十分凶猛。还没等大家反应过来，头上、脸上、脖子上就被马蜂给蜇了。顿时，大家呼天抢地，乱成一团。而身上被马蜂蜇过的地方，顿时鼓起了大包，疼痛难忍。

李乐天马上想到了对付马蜂的办法，喊道："快迎着风跑！快点，迎着风跑！"

大家一听马上迎着风跑起来，终于摆脱了马蜂的袭击。

原来，马蜂是一种报复性极强的昆虫，先前那只马蜂受到攻击后，将它们的伙伴找来一起报仇。

李乐天及其同学有不少被马蜂蜇伤了，一个个叫苦连天，哪里还有郊游的兴趣，都急急忙忙回家治疗蜂伤去了。

启迪

被马蜂蜇伤可不要小看，严重的话可能出现头晕、恶心、呕吐、全身不适等症状，有的对蜂毒过敏会休克甚至危及生命，应马上采取自救措施。

1. 察看被蜇伤的皮肤内是否留有毒刺，若有要及时拔除并挤出毒液。

2. 在野外的处理措施是，用大蒜、马齿苋、凤仙花全株或生姜捣碎涂敷患处；用鲜芋头或其梗捣烂外敷；也可将鲜茄子切开，涂敷患处。

3. 将洋葱切开摩擦蜇伤处，可起到解毒、消肿、止痛的作用。

4. 只要不惹马蜂，它一般是不会主动攻击人的。

会网友糊里糊涂成"人质"

　　杨小莉家住东莞市，是个乖巧懂事的女孩，只是自从初中在学校寄宿以后，她开始迷上了网络。

　　春节期间一次偶然的机会，杨小莉通过 QQ 认识了许一情。很快，她们成为网上无话不谈的好友。许一情告诉杨小莉，她今年已经 18 岁，在深圳市拥有一份不错的工作。如果愿意，随时欢迎杨小莉来她家做客。

　　3 月中旬，杨小莉因被母亲收走手机并受到斥责，觉得有点郁闷，便跟网友许一情抱怨了几句，许一情便邀请杨小莉到她那里散散心。让杨小莉没有想到的是，3 月 24 日下午，许一情竟乘车来到杨小莉这里，准备接她去深圳玩玩，并问她准备好了吗，比如路费以及这几天的花销等等。她这一提示，杨小莉似乎想到了什么，她见网友来接她，也不好意思推辞，便说："你等我一下，我回家准备一下。"

　　杨小莉回到家里，打开柜子把父母攒下来的 3000 元钱拿了出来。但是她心里还有点犹豫，想着父母回来怎么办？正在这时许一情打来电话："小妹快点呀！姐姐在这里等你呢。"这时的杨小莉顾不得多想，把钱往衣兜里一塞，就急急忙忙跑了出去。

　　许一情见到杨小莉兴冲冲地跑来，就对她说："你们这里有卖电动车的商店吗，我去买辆电动车，好带着你去转一转。"杨小莉一听对方要买电动车，就说："我知道，就在前面不远的地方，我带你去。"

　　不多时，他们来到"绿色车行"，这里是卖电动车的地方。面对琳琅满目的电动车，许一情仔细地挑起来，她选了一款红颜色的，问杨小莉："这款怎么样？我带着你蛮好的吧？"

　　"是啊，挺好看的。"杨小莉高兴地说。

　　许一情看中的是一辆价值 3000 元的电动车，并说要"试试车"。车行老板有点不放心，就指着杨小莉问："这位是你什么人？""她是我姐姐。"杨小莉回答。听杨小莉这么说，老板就同意许一倩把车骑出去试一试。转眼间，许一倩转过了马路不见了踪影。过了半个小时，许一倩还没有回来，老板这才发觉可能是遇到骗子了，便拉住杨小莉不让走，同时拨打110报了警。

在派出所里，杨小莉有口难辩，最终只好自认倒霉，赔给车行老板3 000元了事。

少年朋友要明白一个道理：天上不会掉馅饼，当有意外的好事"光顾"你的时候，很可能就是骗局。此时你应该保持清醒的头脑，做到以下几点：

1. 不能上网随便跟陌生人长时间聊天，更不能吐露实情，以防被坏人利用。有问题要及时和父母沟通。

2. 不受对方的诱惑，不能跟网友离家出走。

3. 俗话说："害人之心不可有，防人之心不可无。"不要听信网友的话，更不能对他（她）一片痴心。

4. 如果答应跟网友会面，要随时跟家人保持联系，认真观察对方的一举一动，时刻保持高度警惕，免得吃亏上当，后悔终生。

谨慎治烫伤

电视上正在转播中美女足比赛，大强和弟弟连尖叫带欢呼，给中国队加油，还不时地点评几句。不一会儿，大强喊得口干舌燥，就起身去倒水喝。他手里倒着水，眼睛却不肯离开电视屏幕。忽然，他左手一阵剧痛，一松手，杯子"啪嚓"一声掉在脚边，被摔得粉碎。原来大强只顾看电视了，开水没倒进杯子里却倒在自己的手上了！

大强举着左手喊痛，手上的皮肤红了一大片。

妈妈急忙跑过来问道："怎么了？怎么了？让我看看！"然后妈妈拉

着大强往厨房里跑，"没事没事，冲一下凉水就好了！"

凉凉的自来水冲在灼热的皮肤上，大强感觉舒服了一些，疼痛也缓解了不少，但一离开凉水仍能感觉到烧灼般的痛感。大强一直站在那里冲凉水，情绪慢慢平复下来。

"这样就行了吗？"大强不解地问妈妈，"可一离开凉水还疼啊。"妈妈仔细地看着大强的手，说："烫得还挺厉害，都起泡了！"大强一看，果然，手背和手指上都有水泡，一下子觉得更疼了。

妈妈说："那我们赶快去医院吧。"

"打住！打住！"大强坚决反对，"我一闻到医院里的味道就反胃，一看见白大褂就心慌。医院我是不去的。"妈妈见大强拼命摇头，便说："唉，我以前曾准备了一个小药箱，里面有治疗烫伤的药。"

妈妈从卧室里取出一个小箱子，打开一看，里面有酒精、碘酒、纱布、创可贴、烫伤膏……妈妈真是一个有心人。

妈妈将烫伤膏轻柔地涂在大强的手上，说："你看你，平时就粗心大意，这次可要接受教训，不可再犯类似的错误。"

日后的几天，大强听从妈妈的嘱咐：小心再小心，避免弄破了水泡；没事的时候将左手垫高，这样能减少体液的渗出，不让水泡继续增大；还吃了两天消炎药预防感染。

烫伤很快好了，一点儿疤也没留下。

启迪

如果发生烫伤，一定要记住以下几点：

1. 发生轻微红肿的轻度烫伤，可以用冷水反复冲洗10分钟，再涂上一些清凉油、烫伤膏等。

2. 烫伤部位已经起小水泡的，不要弄破它，可以在烫伤部位涂一点酒精，并涂抹烫伤膏。

3. 烫伤比较严重的，应当送医院进行治疗。

4. 烫伤面积比较大的，应该尽快脱去受伤部位的衣裤、鞋袜，但不能强脱，必要时可将衣物剪开。烫伤后，要特别注意烫伤部位的清洁，不能随意涂擦外用的药品或代用品，以防受到感染，给医生的治疗增加困难。脱去患者的衣物后，用洁净的毛巾或床单包裹，及时送医院治疗。

5. 伤处皮肤呈深红色且感觉不太疼，多是重度烫伤，此时不要自行采取任何措施，盖上干净的布或床单等及时去医院就诊。

装哭保钱

梁大翠的爸爸胆囊炎发作，正在市中心医院急诊室候诊。因为需要马上动手术，在市里工作的妹妹要梁大翠立即送 3 000 元去。梁大翠在第一时间准备好钱后，就直奔汽车站。她的运气真不错，刚进站就有一辆去市里的中巴车开始启动，她便招手上了车，坐在了车里仅余的一个空座上。她刚刚落座，又紧跟着上来了三四个小青年，都站在走道上，其中有一个长头发青年一手抓着车厢里的扶手站在了她的旁边。和梁大翠挨着坐的是一位衣冠不整、面黄肌瘦但为人热情的中年妇女，她主动和梁大翠打招呼聊天。梁大翠见她一副农妇打扮，便对她不冷不热的。中年妇女见她很冷漠，也就知趣地不吭声了。

梁大翠双手把装有 3 000 元钱的小包搂在胸前，然后靠在椅子上闭目养神。

"不得了啦！我包里的 3 000 元钱被人偷走啦！"中年妇女大声叫了起来。梁大翠听到邻座的中年妇女哭喊着钱丢了，顿时一惊，立即睁开了眼睛，不由自主地往自己的小包里摸了摸，发现包里的钱还在，又把眼睛闭上靠在椅子上闭目养神。

中年妇女继续哭道："狼心狗肺的小偷，你也不睁开眼睛瞧瞧，老娘这 3 000 块钱可是血汗钱呀！来得可不容易呀！这是全家人辛辛苦苦喂了一年的猪赚来的呀！是我儿子读大学的学费呀！现在钱没有了，我可怎么办呀……"

中年妇女的哭喊声把乘客们的话匣子打开了，有的骂小偷缺德，有的骂小偷该死。一直站在梁大翠身边的长发青年鼓着一对牛眼，气势汹汹地对着中年妇女吼道："你丢了钱，在车上哭叫什么！把人家的瞌睡都吵醒了。一副倒霉相！活该！"

"老娘的钱被偷走了，难道老娘哭都哭不得？你真是欺人太甚！"中年妇女一点也不示弱。

"你有种再叫一声！老子把你丢到窗外去！"长发青年像一头发怒的狮子，厉声威胁道。

"老娘就是要叫！哪个偷了老娘的钱，去买农药喝，不得好死！"中年妇女像一只发威的母老虎。

长发青年见状，立即伸手抓住了中年妇女的手往外拖。幸好中年妇女力气大，挣脱了。这时，站在走道上的三位小青年立马围了上来，摩拳擦掌欲打中年妇女。正在闭目养神的梁大翠实在看不下去了，便对长发青年说："如果你丢了钱，你还能打瞌睡吗？你会不急、不哭吗？人都要将心比心！"梁大翠话音一落，车厢里的旅客异口同声，纷纷谴责长发青年。长发青年本想教训一下中年妇女，不想成了众矢之的。他怕引起公愤，便对司机高喊停车。车门一开，车上那几个小青年都尾随着长发青年一块儿下车了。

中巴车继续前进。中年妇女突然破涕为笑，说她没有丢钱。全车的人都说她有神经病。中年妇女解释说，她虽然没有丢钱，但是她旁边这位女士的小包已被小偷划开了一个口子。梁大翠拿起小包一看，小包的一面果然被划开了一道三四寸长的口子，钞票都露出来了。梁大翠吓出了一身冷汗。

于是，中年妇女道出了假哭的原因：当中巴车开出车站以后，站在梁大翠旁边的长发青年拿出一把小刀，借着车厢的晃动，把她搁在胸前的小包划开了一道口子。这一切都被中年妇女看见了，她想给梁大翠提个醒，又害怕长发青年这伙亡命之徒报复；如果不提醒梁大翠，自己的良心又过不去。于是在小偷的手伸向梁大翠钱包的时候，她顿生一计，大声哭喊自己被小偷偷去了 3 000 块钱学费。

真相大白以后，梁大翠又惭愧又感激，立即拿出 200 元钱塞给中年妇女，中年妇女说什么也不肯收。

启迪

这个中年妇女看到别人的钱财即将受到侵害时，用假哭的方法保护了别人，同时也保护了自己，真是一个善良、正派的聪明人。

1. 面对邪恶，我们应该想办法去应对，但不能硬拼，应该以智取胜。

2. 在邪恶面前，大家应该团结起来，共同对付他们。俗话说，邪不压正，毕竟他们是少数，是不受欢迎的人。在团结起来的众人面前，他们也知道众怒难犯。

3. 少年朋友，在面对邪恶的时候，我们首先不要害怕，也不要硬拼，毕竟我们不是成年人，最重要的是保护自己，可想方设法报警，或想办法摆脱他们。

面对陌生人要提高警惕

一个星期四的下午，放学后我高高兴兴地往家里走去。当我走到居委会旁边时，看到前面正在修路，于是我绕道而行，从另外一条小路走回家。

走着走着，忽然听见一个声音："小妹妹，你放学啦？"我抬头一看，一位陌生的中年男子出现在我的面前。

"嗯，放学了。"我随口回了一句。"我是你爸爸的同事，你不认识我了吗？"陌生人笑眯眯地对我说。

我抬头看了看他，心里在回忆那些我见过的爸爸的同事，但没有这个人。

这时陌生人又说："我这有几块好吃的糖给你吃。"说完他拉住我的手，拿出几块糖给我。我心里想：这个人我没见过呀，他认错人了还是……

我灵机一动，问道："你也是开卡车的吗？我爸爸今天开车去哪了？"

"对！对！你爸爸开车出去了，叫我来接你。"说完陌生人剥了一粒糖，想往我嘴里塞。

我断定这是个坏人，因为我爸爸根本不是开车的。我心里一下子紧张起来，怎么办呢？

平时在电视中和报刊上看到过不少坏人骗小孩的案件，今天被我遇见了，怎么办？他手里的糖肯定有问题，我决不能吃。"我是不吃糖的，难道我爸爸没和你说过吗？"我急中生智地说。"噢，我忘了。"陌生人无

奈地把糖装进口袋里，"我带你去见你爸爸。"他拉着我的手说道。我慢吞吞地走着，脑子里却在高速运转着，平时爸爸妈妈教过我很多自救、自护的方法，报刊上也有好多这方面的文章。

对了，我有办法了。"每次去爸爸那里，我都会帮爸爸买包烟的，我们去商店买完烟就去爸爸那儿。"我笑嘻嘻地对陌生人说。"那好吧，要快点，你爸爸在等你。"看着他那自以为是的样子，我不禁暗自发笑：你上当了！陌生人拉着我的手来到商店，这时，我指着远处迎面而来的男子说道："爸爸，你怎么回来了？"一旁的陌生人一下子紧张起来，紧紧拉着我的手也突然松开了。

我对陌生人说："我爸爸回来了，我们过去吧！"

"不、不，我有事先走了。"他惊慌失措地说着，然后往后面跑去，眨眼的工夫就不见了踪影。

启 迪

碰到陌生人要带你去见家里的人或陌生人告诉你家里的人生病了等，都要提高警惕。面对这种情况应该怎么办呢？

首先，不要吃陌生人的食物。其次，遇见坏人时要保持冷静，运用自己的智慧与坏人周旋，以达到自我保护的目的。

学会自我保护是一件很重要的事，我们应该记住以下几点：

一、自救指南

1. 凡是不认识的陌生人和你搭话都要留一个心眼，比如请你为他带路或者说替你爸妈送东西来的，或者说你爸爸正在医院抢救要带你去医院等，要一律拒绝，千万不要上当。

2. 遇到陌生人纠缠时，不要害怕，首先要做的是保持沉着冷静，否则容易不知所措，只能听由坏人摆布。

3. 如果被人劫持、绑架，要想办法发出求救信号，沉着机智地逃脱，并留意坏人的长相、衣着等特点，为警察办案提供证据。

二、防患于未然

1. 上学放学、上班下班、外出游玩时要与同学、伙伴结伴而行，不要单独行动。

2. 不要在偏僻、行人稀少、照明差的地方玩耍。

3. 发现被人跟踪时，要迅速向人多的地方跑。

4. 独自外出时一定要提高警惕，不要给坏人留下可乘之机。

谨防骗子的"心理攻势"

一天，方方的妈妈接到一条特殊的短信：

尊敬的用户：你在×××刷卡消费×××元，已授权通过，如果有疑问请拨打×××电话查询。方方的妈妈一看：不好，我没有消费，怎么会刷卡呢？

再仔细一看，不是有疑问请拨打×××电话查询吗，不妨打电话咨询一下。

于是，方方妈妈就拨打了这个电话。"喂！你好！"对方问，"有什么业务需要服务吗？"

方方的妈妈急忙问："我根本没有在×××刷卡消费×××元，怎么会收到这样的短信啊？"

"你稍等，我们查一下。"对方说。

不一会儿，对方说："你的账号可能被盗了。"

"哦，怎么会这样呢？"方方妈妈感到不解。

"为了你的资金的安全，你不妨把卡上的钱转移到我局的安全账号上。"

"好的。"方方妈妈为了资金安全，就按照对方的提示，将卡上的钱转移到了对方说的账号上。

事后，方方妈妈感到不对劲儿：自己不认识对方，这样的账号安全吗？她有一种不祥的预感……

于是，她马上打电话告诉了方方的爸爸，方方的爸爸急忙向110报了案。

启 迪

以下几种短信诈骗的方式须提防：

1. ××银行通知：贵用户银行卡刚刚在×××刷卡消费×××××

元，已授权通过，授权码 1658。如有疑问请拨电话××××××管理部查询。

2. 爸爸，我因在校外打架被拘留，急需现金 3 000 元，请将款打入农业银行×××账户，收款人：李××警官。

3. ××集团为庆祝上市，特在全国举行手机号抽奖活动，恭喜您获得二等奖，奖金 10 万元。请将 1 400 元的公证费打入农业银行×××账户，并通过×××电话告知你的开户行、账号，奖金随后打入你的账号。

机智逃生

田甜今年 11 岁，她的爸爸是一个建筑公司的老板。因爸爸的工作非常忙，田甜要见爸爸一次都不容易。

一天下午，田甜的妈妈去一家商场买衣服，田甜自己留在家里写作业。不一会儿有人敲门，田甜在屋里喊了一声："谁呀？"

门外边的人说："我是你爸爸单位的，你爸爸让我来接你。"田甜听说是爸爸单位的人，马上把门打开了。门外站着一位陌生人，他对田甜说："你爸爸让我开车来接你去海鲜城吃饭去。"

田甜放下手里的笔就跟这位陌生人走了。在楼群的深处，一辆没有车牌的车停在一个胡同里，田甜被叫上车后，立即被两个人摁住硬是装入车上的一个大袋子里。此时，聪明的田甜知道自己被绑架了，哭闹已没有用，就先安静了下来。田甜感觉车走了很长时间，路很不好走。

田甜被带到一个貌似农民的家里，这里好像是一个山沟，周围只有几户人家。

田甜的爸爸、妈妈为了找孩子，心都操碎了，报警后还是没有一点线索。他们和警员守在家里的电话旁，等待电话。绑匪无非是敲诈勒索，目的是为了要钱，一般是不会要田甜命的。

3 天过去了，就在第四天早上，田甜被绑的那个陌生的小屋里突然来了一个又高又大的人。他气势汹汹地指着坐在小板凳上吃方便面的田甜说："我再折腾你那个王八蛋爸爸几天，让他死都死不起。他不是有钱吗？不给我一百万，我就要了你的狗命！"那人说完狠话后就走了。

田甜知道，爸爸是怎么也找不到这里来的。有次出去上厕所，田甜发现这里是一个大山沟，山上有路，还有拉煤的人。她决定逃出去。

看守田甜的是一个50多岁的人，头上几乎没有头发，是个秃顶，整天不说一句话。一天，田甜突然问秃顶："大叔，你家住在这儿吗？你有儿子吗？"

一句话问得秃顶极度不安。秃顶原来也有美满的家庭，但自从他参加了黑社会团伙，家就散了。后来，他那12岁的儿子出来找他时，被一辆拉煤的车撞死了。

田甜对秃顶说："大叔你让我回家吧，你们大人之间的事我不懂，也不关我的事。你行行好吧，我以后认你当我的干爸爸。"一句话把秃顶说得开怀大笑。打这以后的一周时间里，田甜努力地与秃顶多沟通，给他讲故事，唠一些有趣的事儿，赢得了秃顶的好感，继而慢慢地放松了对田甜的看管。田甜心里好像有了底儿。

一天，那个大个子绑匪又来了，当着田甜的面给她爸爸打电话："田老板，你可能为找女儿急疯了吧？"

"我的女儿在哪里？"田甜爸爸急切地问。

"要看到你的女儿容易，你把钱准备好了吗？"大个子绑匪不紧不慢地问道。

"你说吧，要多少呀？"

"不多，一百万。"

"我怎么相信我的女儿还活着呢？"田甜爸爸说，"我要听我女儿的回话。"

"我满足你。"大个子绑匪把电话递给身边的田甜，"跟你爸爸通话。"

"爸爸，我没有问题。"田甜平静地说，"爸爸，你到大山叔叔那里借钱，他卖煤有钱，向他借3万。"

意思是：我现在在大山里，这里有小煤矿，共3个人。这样，警察就会知道田甜被绑架在产煤的地方了。

一天早晨，在秃顶出去取面包的15分钟时间里，没有把田甜绑在凳子上，田甜顺利地逃了出来。在大山里田甜不知道方向，不知道向哪里走，情急之下，田甜突然想起有一次妈妈给她讲的一个飞行员跳伞获救的故事：一个飞行员跳伞落在森林里迷了路，他学习过野外求生的本

领，顺着小溪流水方向向下走，终于获救了。田甜大胆地向山里走，终于在不远处发现了一个小溪，她沿着小溪走下去。傍晚时分，正当田甜害怕的时候，前方有一个村庄，田甜终于获救了。

妈妈讲的一个小溪的故事使孩子摆脱了险境。孩子的成功自救还在于被绑架后始终保持冷静和警觉，有坚定求生的信念并做好逃生的准备。田甜主动与绑匪沟通，用孩子的单纯感动了绑匪，使其放松了警惕，正是这种沟通为自己赢得了存活的时间与空间。此外，田甜还尽可能地进食，保持了良好的身体状态，这些都是成功脱险的重要因素。

那么，遇到绑匪应该怎么做呢？

1. 一旦遭遇绑架要伺机留下求救信号，如私人物品、字条等。

2. 一旦落入绑匪手中，应降低姿态、凡事顺从，使绑匪降低警惕性。

3. 若没有把握逃脱，千万不要以语言或动作刺激绑匪，以免导致不测。

4. 要像田甜那样，多设想几个方案，等待时机，设法潜逃或报警。这期间要熟记绑匪容貌、口音、交通工具及周围环境等，反复回忆事件经过及细节，以便获救后为警方提供线索。

洞中迷路时

星期六那天，12 岁的韩一梦叫上好朋友——11 岁的吕柯——漫山遍野地寻找可爱的"虎仔"。

"虎仔"是韩一梦养了 6 年的小狗，前几天突然跑丢了。韩一梦和虎仔的感情很深，因找不到虎仔，韩一梦急得吃不好饭、睡不好觉。

这天上午 10 点多，有人告诉韩一梦说："我昨天看见虎仔向山上跑了。"于是，韩一梦叫上吕柯向山上跑去。

他们的村子离大山有 5 千米的距离呢。他们边跑边找，一直来到大山前，可这里仍然没有虎仔的影子。他们就在附近找起来。

突然间，吕柯在一个下山的路口处发现一个山洞。他急忙招呼韩一梦说："虎仔是不是跑进去了，咱俩进去看看吧。"

"有可能。"韩一梦看后说。于是他俩就钻了进去。刚进洞时，光线从洞口照进来，两人还能看清楚；但是越往里走光线越暗，本来较狭窄的通道，却越来越宽阔了。当越走越暗甚至什么也看不见时他们已走了近百米。他俩想往回返时，却找不到出洞口的路了。他们仿佛觉得哪个方向都是洞口，不知道该往哪走了。这时吕柯急得哭了起来。

这时韩一梦显得格外镇静，他问吕柯："你兜里有什么东西吗？"

吕柯掏着衣兜说："我带了一条绳子，牵狗用的。"韩一梦大喊一声："太好了！"韩一梦用 8 米长的塑料绳的两头绑住两个人的腰，使二人不至于走散。然后告诉吕柯：绝对不能往里走了，越走呼吸越困难，像无底洞；周围有 8 个亮处像洞口，咱俩一个一个摸着前进，如果不是就把脚下的石头垒起一个小堆做记号。

就这样，韩一梦带着吕柯一个亮点一个亮点地探，而吕柯却越来越害怕了。韩一梦安慰吕柯说："不要紧，我们会找到出口的，因为我们的前面都有亮光。"

就这样，当他们探到第 7 个亮点时，觉得呼吸越来越顺畅。韩一梦说："就是这条道儿，往亮处走，肯定是洞口。"越来越接近洞口了，因为光越来越亮。

当他俩走出洞口时，已经是下午 4 点多钟了。经过近 6 个小时的努力，韩一梦和吕柯终于逃出了山洞。

事后，吕柯问韩一梦是怎么知道这些知识的。韩一梦说："我看了不少有关野外生存的书，想不到这一次竟用上了，看来多读书真有用啊！"

在山洞中迷路该怎么办呢？

1. 少年朋友不宜考察、探测洞穴。假如有人组织进入不明洞穴时，为防止进入洞穴后发生迷路、陷入坑洞、溺水和洞顶塌陷等意外情况，必须做好妥善的准备，如携带蜡烛、电筒、绳索、指南针等。如勘测地下河、地下湖，还应配备橡皮艇、救生圈。

2. 进入洞穴后应沿途撒些白灰，用彩色粉笔在岩壁上画上明显的

记号；交叉路口应编号，用箭头指示方向，标明路径；同时进行路线测量，绘制路线草图，以免迷路。

3. 进入洞穴时应以电筒或提灯照明道路，进入人数不宜过多，且彼此之间应互相系上牢固的绳子，一旦落入深坑供互相救援之用。

4. 在下陡坡或下井时，应顺着绳子滑下去。为防止有害气体中毒，人下去之前，先用绳子把蜡烛或提灯吊下去，试探有无有害气体聚积。如果见到蜡烛火苗突然增亮，表示下面有一种能引起爆炸的气体；如果烛焰熄灭或变暗，说明其中氧气不足，此时千万不要下去，应先采取通风措施。非下去不可时，须戴防毒面具，采用较亮的手电筒照明，不宜带蜡烛或提灯下去。

5. 为避免塌陷，严禁奔跑或挖取洞顶的石块，发现洞顶的石块有松动现象时，应迅速退出。

6. 在山洞中一旦有人发生窒息或中毒现象，应迅速将其移至空气新鲜处，使之吸入含氧丰富的空气。已经停止呼吸的人应立即原地做人工呼吸，并持续不断地进行。要注意给患者保暖，待其恢复呼吸后速送医院作进一步的检查和治疗。

面对"化缘"的"和尚"

双休日的一天早晨，爸爸妈妈有事很早就出去了。出门前，妈妈说："佳佳，我和你爸爸出去办点事，假如有陌生人来敲门，你可不要随便开门啊！"说完，爸爸妈妈就走了，家里只剩下佳佳一个人。

佳佳兴高采烈地打开了电视，惬意地坐在椅子上，按起了遥控器。"叮咚，叮咚"，门铃响了。"谁啊，真扫兴！"她撅起了嘴，瞟了门一眼。她蹑手蹑脚地来到门后边，透过"猫眼"看到一个身穿袈裟的人，再仔细一瞧，呵，原来是个和尚！

佳佳打开了门，还没等开口，那个和尚就双手合并，缓慢地说："施主，我是来化缘的。我很久没吃饭了！"

"哦!"佳佳轻轻地应了一声，来到厨房，把一早剩下的稀饭盛到碗里。

"大师，这些饭给您吃吧!"佳佳慢慢地打开门，把饭倒到和尚的碗里。

"施主，你看我走路走得脚都酸了! 能不能让我在你家歇一会儿?"和尚微微一笑，那眼神看着可真让人讨厌! 为什么这和尚要来家里歇一会儿? 这时佳佳突然想起爸爸妈妈出门前交代的话。她皱起了眉头，觉得这个和尚来头不对。

"那我问问妈妈吧!"佳佳想到这里，灵机一动，想出了这个点子。

和尚一听急了，对佳佳笑眯眯地说："小姑娘，你妈妈在家啊?"

"是啊!"佳佳坦然地说。心里却想：这和尚刚才不是叫我施主吗，怎么一转眼就成了"小姑娘"了?

和尚一听，紧皱着眉头说："小姑娘，我还要到别家化缘呢!"话音刚落就溜了。

过了一会儿，爸爸妈妈回来了，佳佳把刚才发生的事一五一十地告诉了他们。

"表现很棒!"爸爸竖起了大拇指。

启迪

少年朋友，当你独自在家时，应该提高自我保护意识，注意做到以下几点：

1. 要锁好院门、防盗门等。

2. 如果有人敲门，千万不可盲目开门，应先透过门镜观察或隔门问清楚来人的身份。如果是陌生人，不可开门。

3. 如果有人以修理工等身份要求开门时，可以说明家中不需要这些服务，请其离开；如果有人以家长同事、朋友或远方亲戚的身份要求开门时也不能轻信，可以请其等家长回来后再来。

4. 如遇到陌生人不肯离开，坚持要进入室内的情况，可以声称要打电话报警或者到阳台、窗口高声呼喊，向邻居、行人求援，以迫使其离开。

5. 不邀请不熟悉的人到家中做客，以免给坏人留下可乘之机。

难忘的生死时刻

我从小在农村长大，整天跟小伙伴们一起到处玩。

我们村后有一个叫"北连仙汪"的湖，据说湖里有一种叫做"北连仙"的蛇。这种蛇有剧毒，被咬一下就不能活了，所以从小大人就告诉自家孩子：见到这种蛇，千万不要跑直线，要绕着弯子跑。在我的记忆里，初中以前我所有的夏天都是在这个湖边度过的，不过，我可一次都没见过"北连仙"。

在男孩中，我算是胆小的一个，因为每次小伙伴们光着屁股在湖里翻滚的时候，我只敢趴在湖边浅水的地方扑腾。

中考之后那个漫长的暑假，我和要好的朋友张琛每天都往湖边跑。他是享誉十里八乡的游泳健将，蛙泳、蝶泳、仰泳、自由泳，他都无师自通，所以我请他教我游泳。

记得那天，我跟张琛到达北连仙汪的时候是傍晚时分，天地间都被刷上一层淡黄色，远远望去，湖面上跳跃着一层金光。这个时候，在湖里游泳的人都已经回家了，偶尔有几个行人也都在急匆匆地往家赶。

张琛先让我自行练习闭气和划水，不过没几分钟他就没了耐心，直嚷嚷我笨。

我趴在湖边练了一会儿划水就没了耐心，抬头一看张琛都快游到湖中心了。我就站起身，双脚在湖底试探着往湖里走。湖底都是淤泥，偶尔会有很大的岩石。终于，我感觉我的脚踏到了一块石头上，这时，湖水已经到了我胸部的位置。

别说，这石头还真平整，我就用脚摸索着继续往前走。连着走了好几步，还没有走下石头。我不禁感叹这石头真大。这时候，我听到张琛在喊我的名字。我看到他在我 10 米远的地方，躺在湖面上悠闲地仰泳着。

"太不仗义了，就知道自己玩，也不教我。"我边往前走，边撩起水花泼向他。突然，我感觉一脚踏空，瞬间淹没在湖水里——原来石头尽头是更深的湖水区。那一瞬间，我大脑里一片空白，在水里呆了几秒钟才想起自己是怎么了。这时湖水已经没过了我的头顶，我挣扎着想跳出水面，张嘴想喊救命，但都没有成功。湖水顺着我的口鼻涌进我的喉咙和气管里，呛得我特别难受。

这时，远处的张琛也发现我情况不对，迅速往我这边游过来。

我想张嘴呼吸，湖水却不断地灌了进来。我憋得难受，就不断地试图挣扎出水面。明明抬头就看到光亮，但就是那么遥不可及、无法实现。这也许只有几十秒钟的时间，我却仿佛过了一个世纪那么长。我内心深处不停地呼喊："谁来救救我？谁来救救我！"我感觉自己使出了吃奶的劲儿在喊，但是却发不出一点声音。我平生第一次体会到了绝望的感觉。

这时候，张琛终于游到了我的身边。他抓住我的手臂，把我往湖边拽。我的手脚不由自主地攀上他的身体，他被我紧紧地箍着，也无法划水了。张琛在努力摆脱我的过程中，双脚触到了湖底——幸亏旁边就是大石头，站在大石头上湖水只到胸部的位置。这时我还死死地扒在他的身上，只听到张琛在我耳边大声喊："这里湖水浅！你自己站起来！"他连着喊了好几遍，我才反应过来。我缓缓地松开了箍着张琛的手脚，自己慢慢地站了起来。不过，这时候我已经没有多少力气，身子软软的就要往下倒。张琛拖着我慢慢地走向湖边。

一上岸，我就瘫倒在地上，最后怎么回的家我都忘记了。

后来，妈妈说那天张琛把我送回家的时候，我眼睛呆滞、嘴巴乌紫，还不停地发抖。她给我换了衣服，还灌了一碗热姜汤，我的脸色才好了点。

我完全缓过来以后，爸妈狠狠地教训了我一顿。经过这件事，我跟张琛的关系更铁了，不过我再也没有拜托他教我游泳。

现在，十几年过去了，我依然不会游泳，见着湖啊、水塘啊就绕着走。

启迪

少年朋友，我国卫生部发布的数字显示，中国平均每年有57 000人溺水死亡，相当于每天有150多人因溺水而失去生命。所以，少年朋友外出游泳的时候一定要注意安全。

　　为了防止溺水，我们应该做到以下几点：

　　1. 不会游泳的人千万不要单独在水边玩耍，最好和朋友结伴同行，这样可以互相有个照应。

　　2. 游泳前应做全身运动，充分活动关节、放松肌肉，以免下水后发生抽筋、扭伤等事故。如果发生抽筋的情况，要镇静，不要慌乱，边呼喊边自救。常见的是小腿抽筋，这时应做仰泳姿势，用手扳住脚趾，小腿用力前蹬，奋力向浅水区或岸边靠近。

　　3. 游泳时间不宜过长，20到30分钟应上岸休息一会，每次游泳时间不应超过两个小时。

　　4. 不宜在太凉的水中游泳，如感觉水温与体温相差较大，应慢慢入水，渐渐适应，并尽量减少游泳次数，减少冷水对身体的刺激。

　　5. 游泳应在有安全保障的游泳区内进行，严禁在非游泳区内游泳。农村的少年儿童应选择水下情况熟悉的区域，不要到水深、水冷的地方去游泳，如鱼塘、水库等地方。

　　6. 参加游泳的人必须身体健康，患有下列疾病的同学不可游泳：心脏病、高血压、肺结核、肝炎、肾病、疟疾、严重关节炎等。女同学月经期间不能游泳，患红眼病和中耳炎的同学也不能游泳。

地震发生之后

　　平日里，我们感到大地非常稳重，我们安安稳稳地生活在地球上。

　　但是你知道吗？大地也有"发怒"的时候，这就是我们所说的地震。

　　2008年5月12日汶川地震，地球"发怒"了，大地晃动，房屋倒塌，停车场上的汽车不停地发出警报，一切都在抖动……

　　这次地震震级达里氏8级，最大烈度达11度，都超过了1976年的唐山大地震。

　　这次地震影响范围广。四川、甘肃、陕西、重庆等省（区、市）的

417 个县、4 656 个乡（镇）、47 789 个村庄受灾，灾区总面积 44 万平方千米，重灾区面积达 12.5 万平方千米，受灾人口 4 624 万。其中四川省灾区面积达 28 万平方千米，受灾人口 32 万。

这次地震余震很多。截至 6 月 23 日 12 时，累计发生余震 13 685 次，其中 4～4.9 级 189 次，5～5.9 级 28 次，6 级以上 5 次。

这次地震救灾难度很大。重灾区多为交通不便的高山峡谷地区，加之地震造成交通、通信中断，救援人员、物资、车辆和大型救援设备无法及时进入。

房屋大面积倒塌。倒塌房屋 778.91 万间，损坏房屋 2 459 万间。北川县城、汶川映秀等一些城镇几乎被夷为平地。

基础设施损毁严重。震中地区周围的 16 条国道省道干线公路和宝成线等 6 条铁路受损中断，电力、通信、供水等系统大面积瘫痪。

次生灾害多发。山体崩塌、滑坡、泥石流频发，阻塞江河形成较大堰塞湖 35 处，2 743 座水库一度出现不同程度的险情。

机关、学校、医院等严重受损，部分农田和农业设施被毁……

 启迪

破坏性强烈的地震，从人感觉震动到建筑物被破坏平均时间只有 12 秒。少年朋友，一旦遇到地震，我们必须根据自己所处的位置，迅速做出应急选择。

1. 地震时，是跑还是躲？我国多数专家认为，震时就近躲避，震后迅速撤离到安全地方，是应急避震较好的选择。

2. 如果你在平房或底楼内，可迅速跑到门外开阔地带。

3. 如果住在高楼中，不要试图跑出楼外，因为时间来不及。最安全、最有效的办法是及时躲到两个承重墙之间最小的房间内，如厕所、厨房等；也可以躲到桌、柜等家具下面以及房间内侧的墙角，并且注意保护好头部。千万不要去阳台和窗下躲避，千万不能乘电梯，如来得及要切断电源、关掉煤气。

4. 如果上课时发生地震，千万不要惊慌失措，更不能在教室内乱跑或争抢着往外跑。靠近门的同学可以迅速跑到门外，中间及后排的同学可以尽快躲到课桌下，用书包护住头部；靠墙的同学要紧靠墙根，双手护住头部。

5. 如果在公共场所时发生地震，切不可乱跑，可以就近躲到比较

安全的地方，如桌、柜底下和厕所里边。

6. 如果正在街上，绝对不能跑进建筑物中避险，也不要在高楼下、广告牌下、狭窄的胡同、桥头等危险地方停留。

7. 如果地震后被埋在建筑物中，应设法清除压在腹部以上的物体；用毛巾或衣服捂住口鼻，防止烟尘；注意保存体力，设法找到食品和水，创造生存条件，等待救援。

维修中的电梯不能乘坐

姜成彪最近搬家了，搬到了一个新的住宅小区。这个周末，他邀请好友赵明浩来看看他的新家，顺便切磋一下棋艺。

姜成彪爱好下棋，除了学习，他对下棋最感兴趣。

姜成彪的好朋友赵明浩也爱好下棋，他们不光在一起学习，而且做完作业还一起切磋棋艺。

这不，搬了新家，姜成彪就请好友来他家下棋了。

姜成彪带着赵明浩来到他家住的绿叶小区 3 号楼，他们刚走到楼门口，就看到物业公司贴的通知——

"紧急通知：由于电梯正在检修，所以请住户走楼梯。切记！即日。"

走到楼底下，赵明浩说："姜成彪，你家住几楼？"

"16 楼呢！"姜成彪说，"走楼梯多累呀，让你赶上了。"

"快看！电梯门开着呢！这里也没有人检修呀，不如我们坐电梯吧！"赵明浩如同发现了新大陆。

"不会有危险吧？"姜成彪担心地说。

"不会的。"赵明浩肯定地说，"你看电梯不是没有什么问题吗？"说完，他就拉着姜成彪走进电梯，快速按下 16 层的按钮——电梯运转了。

"我说没事吧！"赵明浩骄傲地说。谁知，他刚刚说完，就听到"咔！咔！咔……咣……咣"几声响，电梯停住不动了，里面一片漆黑。

这可吓坏了姜成彪和赵志浩。他俩被困在电梯里了，只好给物业公司打电话求救。

为了保证安全，千万不要像姜成彪和赵明浩那样，乘坐正在检修的电梯哦！如果被困在电梯里千万不要惊慌，可按以下几点去做：

1. 稍微等一会儿，再按下你要去的楼层的数字键。

2. 如果电梯还是不动，要立即按下红色的紧急求救键。

3. 如果按下求救键后警铃没有响，你可以间歇性地拍电梯的门并大声呼救，引起电梯外面的人注意。

4. 千万不要试图打开电梯门爬出去，因为电梯随时都会启动，这样做很危险。

远离毒品

蒋一光是广州人，因自幼父母离异，所以他很小就只跟爸爸一起生活。因爸爸成天忙于生计，照顾他的时间不多，所以蒋一光成天跟一些"问题"孩子混在一起，不仅整天吊儿郎当、不务正业，还养成了许多坏毛病，比如抽烟。

一开始爸爸还送他去学校，但他爸爸一走，他就跑到外面玩去了。最后，爸爸对他也失去了信心，也就不再管他。14岁那年，勉勉强强读到初一的蒋一光就辍学了。

后来，蒋一光在饭店里认识了一个姓王的老板，并在王老板的手下打工，每天端端盘子、抹抹桌子。起初，蒋一光将挣的钱都交给了爸爸。爸爸很欣慰，对他说："好好干！多赚点钱，好给你买房子、娶媳妇。"说得蒋一光还不好意思哩。

一天晚上，蒋一光在饭店值班，见王老板正在吸什么东西。他上前一看，发现王老板拿着烟卷一样的东西，正在吸放在锡纸上的一点白粉。

王老板看到蒋一光，就对他说："你也试一试吧，超级爽，有飘飘欲仙的感觉。"

出于好奇，本来就有烟瘾的蒋一光便尝试了。从此以后，蒋一光深陷白粉制造的虚幻中不能自拔。

吸上白粉之后，因无钱购买，蒋一光便在一"道友"的"教授"下当起了"鱼虾蟹"庄家，以赌钱为营生。据称，那些"鱼虾蟹"的骰子都是用磁铁做了手脚的，因此聚赌时基本都是赢钱，有时一天纯收入达几万元。蒋一光将赌博赚来的钱全都买了白粉。

一次，蒋一光在一个山村里搞聚赌，被人告发，警察将参赌者一锅端了。蒋一光在审讯时因毒瘾发作，口吐白沫，被送到戒毒所强制戒毒。

启迪

毒品是送命丹，一经沾染，轻则倾家荡产，重则家破人亡，所以我们一定要做好拒毒、防毒工作。

1. 要有警觉戒备意识，对诱惑采取坚决拒绝的态度。如不轻易和陌生人搭讪，不接受陌生人提供的香烟和饮料——最好不要吸烟，因为许多吸毒者就是从吸烟开始的。

2. 在公共场所不随便离开座位，离开座位时最好有人看守饮料、食物等。不要盲目追求刺激，不与他人攀比。

3. 不要认为"吸毒是有钱人的标志"，不要把吸毒与享受画等号。

4. 吸毒不是减肥，而是减命，千万不要用这种极端的方式来减肥。

5. 不要进入KTV、酒吧、迪厅等治安复杂的场所，这是青少年防范和远离新型毒品的注意事项之一。从根本上说，要远离毒品，必须树立正确的人生观。

6. 不结交有吸毒、贩毒行为的人。如果发现亲戚朋友中有吸毒、贩毒的人，一要劝阻，二要远离，三要报告公安机关。

7. 当毒贩逼你吸毒并威胁你时，要在第一时间报警或告诉你的老师、家长。

8. 在自己不知情的时候被引诱、欺骗吸了一次毒，也要珍惜自己的生命，不再吸第二次，更不要吸第三次。如果发现自己吸毒成瘾了，要主动到戒毒机构去戒毒。

最后，再一次呼吁亲爱的少年朋友，请珍惜自己的生命，热爱你的生活，珍惜你的学业！不要沾染毒品，否则，一切美好的东西都将离你而去！

人体绳子

一场突如其来的大火，让一栋居民楼化成了废墟。

每当想起那场大火，一位幸免于难的女士总会热泪盈眶。她说，是她丈夫的爱与沉着冷静挽救了她的生命。

这位女士说，发现失火的时候已经晚了，丈夫拉着她冲向楼梯却被大火逼了回去。火势迅速蔓延，整栋大楼像一块疯狂燃烧的炭，将每一寸空间都烤成滚烫的烙铁。尽管他们关紧房门，火舌和浓烟还是从门缝里往里挤。狭小的房间里逐渐变得炽热难当。

丈夫带着她站在窗口呼救，拼命挥动手臂。他们看见消防队员架起云梯，慌乱且急切地向他们靠近。可是火实在太大了，云梯根本无法靠近。

等待意味着死亡，求生的本能让丈夫在最短时间内做出了决定：跳楼。但他们住在九楼，从这样的高度跳下去，他们会粉身碎骨的。

丈夫没有气馁，他说服妻子和他一起把床单和被罩撕成宽长条，连成一条绳子，然后又脱下自己的衬衣连上，之后又把窗帘撕成宽条连接上。但是这样的长度相对于九楼的高度来说，依然不够长。就在这时，一股火焰猛地蹿进来，他们没时间继续做绳子了。

丈夫依然没有慌张，他将床上的被褥扔出窗外，然后把绳子系在一根结实的窗框上，狠狠地拽了拽。然后对慌乱的妻子说，滑下去！

她却害怕地拼命摇头，然后开始低声哭泣。

丈夫抱住她安慰道："别怕，你抓紧绳子，慢慢向下滑。你准能行的。"妻子问："你呢？"丈夫说："你先滑下去，我马上也滑。"然后他把妻子抱上窗台，这时的丈夫大汗淋漓，呼吸困难，但他依然叮嘱妻子说："千万抓紧，记住，一点一点往下滑。"

妻子开始向下滑去。她像一只笨拙的壁虎，沿着滚烫的楼壁，一寸一寸地接近地面。这时，火焰已渐渐逼近了丈夫。

终于，女人滑到了绳子尽头。可是她的身子，仍然停留在半空。四面都是烈焰，女人的手指钻心地痛，她的体力也已透支。

丈夫立即做出了一个决定。他冲妻子喊道："别怕，坚持半分钟!"丈夫用尽浑身力气将那段绳子往上拉，然后用牙齿咬开系在窗框上的死结。刹那间巨大的冲击力让丈夫的身体剧烈前倾，险些被拉出窗外。丈夫死死地抓住绳子的一端，冲妻子喊道："别朝下看! 一会儿我喊跳，你就跳下去!"

屋子里已经火光冲天。无情的大火已经烧着了丈夫的头发、眉毛，但丈夫依然在坚持。这时丈夫爬到窗外，一手抓住窗框，一手紧紧抓住绳子。

丈夫变成了一段绳子，一段连接在妻子和窗框之间的生死之绳。1.80米的男人，把那段由床单和被罩编成的绳子的长度，增加了1.80米；把女人到地面的距离，降低了1.80米。

火已烧到男人钩住窗棂的双脚，他朝妻子大喊一声："快跳!"

妻子跳下去了，重重地摔在男人扔出的被褥上。当她落地的时候，还依稀听到丈夫对她呼喊："我爱你!"

妻子获救了。她高声喊着丈夫的名字，但大火已然将丈夫包围，他的衣服烧着了。

妻子看到丈夫静止了几秒钟后，突然从高空垂直坠落下来。他朝女人高喊道："闪开!"

大火最终被扑灭了。在最后的危急关头，丈夫就这样化身为一段1.80米长的绳子，随着那条将妻子送往生路的绳子一起，被无情的大火吞噬了生命。

启 迪

少年朋友，当火灾发生时，一定要保持冷静，要牢记以下几点：

1. 沉着冷静，千万不要慌乱，也不要大喊大叫，可根据火势选择最佳的自救方案。

2. 一旦火灾降临家庭，应抓紧时间进行扑救。家庭常用的灭火工具是水、湿棉被等。值得注意的是，电器起火应首先切断电源再进行扑救。如果火势较大，不能自行扑灭，应立即拨打火警"119"，说清楚家庭详细地址、起火物品，然后离开火场到主要路口引导消防车前来扑救。逃离时，若楼道火势不大或没有坍塌危险时，可裹上浸湿了的毯子下楼梯，千万不要乘坐电梯；要贴近地面，以避开处于空气上方的毒烟；千万不要因贪恋钱财而贻误脱险时机。

3. 如果火势太大，不但封了门，窗外也是一片火海时，应将门窗全部关闭，用湿棉被、毛巾、衣物等封堵门窗，同时采取打电话、敲打脸盆、向窗外抛东西等手段吸引外部人员注意，以便施救。

4. 如果有浓烟，可用折成 8 层的湿毛巾捂住口鼻，一时找不到湿毛巾时可以用其他棉织物替代，因为这样可以过滤掉 60％以上的烟雾以及 10％～40％的一氧化碳。

5. 如果救援人员不能及时到达，可顺墙沿排水管下滑或利用绳子沿着阳台逐层跳下。

6. 发生火灾时，如果身上着了火，千万不能奔跑，如果乱跑，会把火种带到其他场所，引起新的燃烧点。身上一旦着火，首先应设法把衣、帽、裤子脱掉。如果来不及脱，可卧倒在地上打滚，把身上的火苗压灭；或者跳入就近的水池、水缸、小河等中去，把身上的火熄灭。

星星点灯

一场突如其来的风暴在太平洋海面上肆虐，将一艘驶往夏威夷的豪华游轮掀翻了。慌乱的游客们纷纷跳进了大海，其中只有部分人登上了救生艇，张岩就是其中幸运的一员。

慌乱中，他的救生艇被无边的巨浪推离了即将倾覆的游轮。当他回头看的时候，游轮已经沉入海底，只有一截桅杆还露在海面。

在暴雨和惊涛骇浪中，张岩的小艇就像一片树叶一般被吹来吹去。他迷失了方向，也没有碰到任何前来救援的人，他离出事海域越来越远了。在孤独和绝望时，幸存的人往往以为当场遇难反而是一种解脱。

天色渐渐暗下来，饥饿、寒冷和恐惧一起折磨着张岩。他除了这赖以活命的救生艇之外一无所有，甚至连自己的眼镜也掉进了海里。高度的近视让他几乎看不清任何东西。他的心情灰暗到了极点，只能无助地

望着天边，希望发现一些能够救他出苦海的东西。忽然，他看到了一片片灯光在遥远的地方闪烁。没有什么比这更能让人激动的了！他奋力划着小船，向那片灯光前进。但是，灯光如此遥远，一直到天亮他也没有到达那个地方。

不过他现在不会放弃了——既然能从那里看到灯光，那里必然有一座城市或一个港口。他知道只要靠近了海岸，就会有生存的希望。求生的欲望在他心中燃烧着，足以让他克服一切苦难和绝望。白天时，他看不见那希望的灯光，只有在夜晚，那片灯光才会在远处闪现，像美丽的生命女神在朝他招手。

一天、两天、三天……饥饿、口渴、疲倦更加肆意地折磨着他。每当他觉得自己快要崩溃时，就会想到远处的那片灯光，他又陡然增添了继续前进的力量。

已经不知过了几天，他依然在向着那片灯光前进，直到他昏迷在救生艇上，梦境里依然闪现着那片灯光。

就在这天晚上，一艘经过的船只把他救了起来。他醒来时才知道，自己不吃不喝已经在海上漂泊了10个昼夜。当有人问他是怎么坚持下来时，他指着远处的那片灯光说："是那片灯光给我带来了希望。"

大家顺着他手指的方向望去——哪里是什么灯光啊，只不过是天边闪烁的星星而已，是星星为他点燃了一盏希望的灯。在这盏灯的指引下，他战胜了死亡。

启迪

在我们生命的旅途中，一定会遇到各种挫折和困难，只要不放弃希望，心头有着坚定的信念，就一定能渡过难关。

1. 在困境中，在无人帮助的情况下，能够把你解救出苦海的只有你自己。有些人在无人救援的情况下，看不到希望，看不到目标，丧失了信心，丧失了求生的欲望，如此，将会带来十分可怕的后果。只有确定目标、奋力前进，才可能赢得生存的机会。

2. 身处绝境，重要的一点是要有信念，要有目标，咬紧牙关坚持到最后。

冷静应对突发的飞机故障

午夜，一架由 C 国飞往 F 国的飞机在夜色中起飞了。由于其间有约十三个小时的航程，因此，飞机上天后，大部分乘客都睡着了。而因为白天睡得太多，吴毅现在了无睡意，他拿出一本侦探小说，准备用它来打发旅途无聊的时光。

书中的谜底渐渐被揭开，罪犯也即将现出原形，吴毅看得正起劲，突然被亮如白昼的强光吓了一跳。他抬头看去，发现强光来自窗外。

这是怎么回事？窗外不是几千米高的夜空吗？怎么会有强光？难道是飞碟？吴毅胡乱揣测着，转身向窗外看去。映入眼帘的景象让他大吃一惊——他看到正对着他的机翼喷射出一股骇人的火光。这时机身仿佛打摆子似的猛烈颤抖起来。这是飞机出事故了！

机舱里大部分乘客都被惊醒。很快广播告知因引擎故障飞机要返航。为了避免降落时发生爆炸，要放出大量的油料。于是，吴毅又看见一条白色的巨龙从机翼下喷出来，从万米高空扑向大地。

机舱里被同样巨大的不安笼罩着，有些人开始祈祷。吴毅再也没有看书的心情，双手合十，嘴里念叨着："老天保佑飞机没事，保佑我平安度过此劫。"

吴毅的祈祷没持续多一会儿，就被前排传来的孩子的清脆笑声打断了。吴毅抬头一看，那是一对外国夫妇，带着两个五六岁的孩子。也许担心两个孩子害怕，妈妈拿着一本儿童读物给她们轻声地朗读，所以逗得孩子们笑了起来。吴毅听着孩子们的笑声，心里的恐惧也渐渐消失了。他看到孩子的妈妈将孩子们慢慢哄睡，然后各自在她们的脸上轻轻地亲吻了一下，再回过头来和丈夫紧紧相拥。面对灾难，他们选择为孩子撑起一片安详的天空，独自面对即将到来的危险。吴毅被这份爱深深地打动了。

心情平静下来后，吴毅开始打量起周围的人来。他的身边是一位西

装革履的中年人，看他梳得一丝不苟的发丝，吴毅判断他是商界精英。现在，当所有的人都被恐惧困扰时，他却依然酣睡。吴毅想了一会儿，还是把他叫醒了。当他明白事态的严重性后，显然很不轻松。吴毅另一边坐着一位老人，看上去七十多岁，头发已经花白。此时他将头仰靠在椅背上闭目养神。吴毅轻轻地推了推他，老人将眼睛微微睁开，说道："我已经知道发生了什么事。"吴毅惊奇地问道："那您怎么还这么镇静？"老人将眼睛再次合上，缓缓地说道："除了镇静还能做什么呢？"

是啊，除了镇静还能做什么呢？吴毅叹了口气，再次拿起书，努力将自己的注意力集中在扣人心弦的故事中。

面对这样的灾难，人力太渺小了。既然无能为力，就平静地面对，等待结果就好。幸好，幸运女神光顾了这架多难的飞机——该机顺利地返回了 C 国机场并成功迫降。

启迪

从理论上来说，飞机相比火车、汽车，是较为安全的交通工具。因为它速度快，飞行时间短，遇到事故的概率会大大降低，所以乘坐飞机是安全的。但是事情也不是绝对的，一旦发生空难，乘坐飞机的逃生率却是最低的。当飞机在飞行的途中发生事故时，所有的乘客都无能为力，他们既不能让飞机来个急刹车，也不能跳窗而逃。他们只能寄希望于事故的严重程度没那么高，或者机长的驾驶技术、随机应变的能力高一点、再高一点。文中所有的乘客，在面临生死存亡的时刻都能冷静自持，既让自己真切地感受到人间的美好和生活的真谛，也让飞机上的工作人员更加冷静沉着，从而快速、准确地选择最佳方案。从另一个方面来说，也是乘客们的冷静救了他们自己的命。

遇到这种情况，应该做到以下几点：

1. 沉着冷静，不惊慌失措。

2. 退缩到相对安全的地方，或者蜷缩成一团，注意保护好胸部和头部。

3. 一旦身上着火，马上就地打滚，压灭火苗。